전기기기(직류기·동기기)

한경희 · 김유남 공저

도서출판 태영문화사

머 리 말

전기에너지는 우리가 생활하는 데 있어서 없어서는 안 될 중요한 요소로 자리 잡고 있다. 화석연료를 주 에너지원으로 사용하던 때부터 신재생 에너지의 중요성이 부각되고 있는 최근에까지, 전기에너지는 사회의 주요 기반시설에서부터 생활에 필요한 다양한 제품이 기본을 구성하는 핵심요소가 되어 있다.

전기공학에서 다루는 다양한 분야 가운데 전기기기는 최근 들어 IT를 기반으로 한 4차 산업혁명의 실현을 위해 응용되어질 새로운 장치의 구성요소로서 그 역할에 무게가 더욱 무거워지고 있다.

이미 대학에서 전기공학의 핵심 교과인 전기기기는 국가기술자격시험의 필수 과목일 뿐만 아니라, 새로운 시스템을 구현하고 개발하기 위한 타 과학기술과의 융·복합을 위해 빠져서는 안 될 중요 요소로 자리잡고 있으며 전력전자 기술과 함께 전동기 및 발전기 등을 매개로 하는 모든 산업분야에 막대한 영향을 발휘하고 있다.

그러나 전기기기의 경우, 회로이론, 전기자기학 등 전기공학의 기초교과의 내용을 이해하고 있는 학생이라 하더라도 전기기기의 내용이 방대할 뿐만 아니라 물리적 구조와 특성을 책으로만 이해하기에는 난해한 부분이 없지 않다. 따라서 저자들은 기존 전기기기의 이론을 이해하기 쉽게 요약, 정리하는데 중점을 두고 기술하였다.

보통 전기기기는 변압기/유도기/직류기/동기기/전력전자이론 등으로 기술되나, 이 책(직류기, 동기기 편)은 기본적으로 동일 원리인 2개의 전기기기, 직류기, 동기기만을 다룬다. 본 서의 내용은 제3장 직류기, 제4장 동기기의 순으로 기술되어 있다. 각 단원의 기본적인 원리와 법칙을 그림과 내용정리를 통해 기술하였으며 전기기기의 동작원리를 쉽게 이해할 수 있도록 전개하였다. 다수의 예제들을 수록하여 지식의 체계화 및 국가시험에 대비할 수 있도록 하였다.

전기기기를 처음 학습할 때 '한번 보지도 못한 코끼리를 눈감고 만져보는 것' 같은 느낌을 받는다는 학생들의 어려움을 들은 적이 있다. 복잡한 특징을 갖는 여러 가지 연장도구에 대한 사용법을 습득할 때의 답답함이랄까. 이 책이 학습자의 그러한 어려움을 해소하는 데 역할을 할 수 있기를 기대하며 출판을 위해 물심양면으로 도움을 주신 도서출판 태영문화사 여러분께 깊은 감사를 드린다.

저자 씀

차 례

제3장 직류기

제4장 동기기

제3장 직류기

3.1 직류발전기의 원리와 구조 및 유기기전력
(Principle & Induced EMF of DC Generator)

3.2 직류발전기의 전기자 반작용과 정류
(Armature Reaction & Commutation of DC Generator)

3.3 직류발전기의 종류와 특성
(Types & Properties of DC Generator)

3.4 직류전동기의 원리 및 특성(Performance of DC Motor)

3.5 직류전동기의 운전(Drive of DC Motor)

3.6 직류기의 효율과 손실
(Effectiveness and Loss of DC Machine)

3.1 직류발전기의 원리와 구조 및 유기기전력 (Principle & Induced EMF of DC Generator)

3.1.1 직류발전기의 원리

교류발전기의 교류 발생에 대하여 알아보자. 아래의 그림과 같이 코일 $abcd$를 자극 N, S 사이에 놓고 x, y를 축으로 오른쪽으로 일정한 속도로 돌리면 도체에는 플레밍의 오른손 법칙에 의해 교류 기전력이 유기된다. 코일 ab에 유기되는 기전력의 순시값을 e[V]라 하면

$$e = Blv \tag{3-1}$$

여기서, B : 자속 밀도[Wb/m^2]

l : 도체의 길이[m]

v : 도체의 회전 속도[m/s]

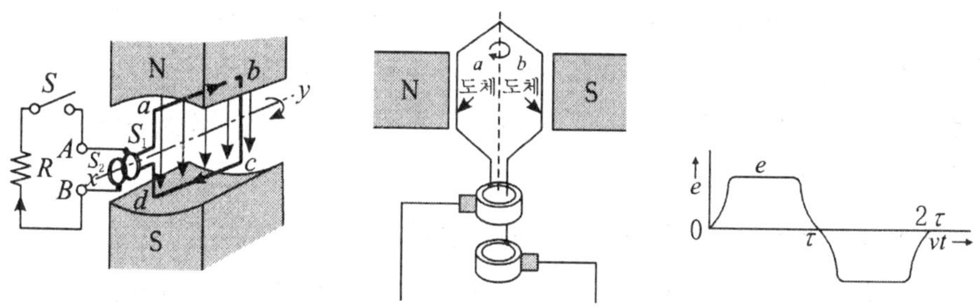

(a) (b) (c)

그림 3-1 교류발전기의 원리

반면, 직류발전기의 직류 발생은 여기서 기기의 구조를 변경함으로써 설명될 수 있다. 교류발전기(그림 3-1)의 슬립링 S_1, S_2 대신에 그림 3-2에서와 같이 서로 절연된 2개의 금속편 C_1, C_2를 붙이고 금속편에 코일의 두 끝을 접속하고 x, y를 축으로 오른쪽으로 돌리면 브러시 B_1, B_2는 직류전원의 +, − 단자가 되고 극성은 일정하게 되어 그림과 같이 일정 방향의 직류전압이 발생된다. 직류발전기에서는 2개의 금속편 C_1, C_2를 정류자편, C_1, C_2로 된 원통환을 **정류자**(commutator)라 한다. 그림 3-2의 (c)는 두 도체, 즉 한 권선에서 발생하는 기전력

으로 직류라고는 할 수 없지만 권선수와 정류자편수를 증가시키면 거의 완전한 직류를 얻을 수 있다.

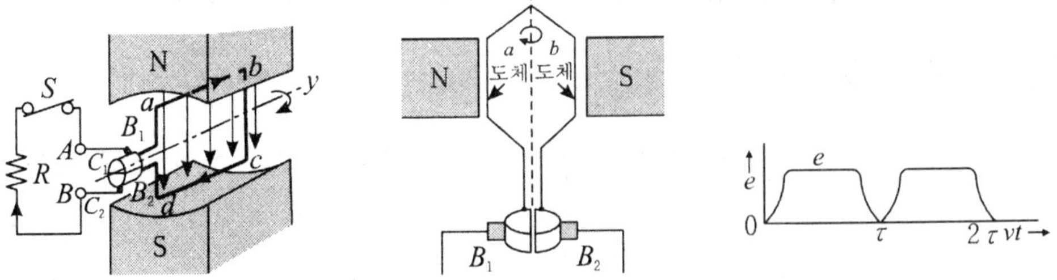

(a) (b) (c)

그림 3-2 교류발전기의 원리

3.1.2 직류발전기의 구조

직류기는 직류발전기와 직류전동기로 분류할 수 있다. 그러나 구조의 차이는 없고 이용방식에 따라 구별된다. 즉, 기계적 입력을 전기적 출력을 얻기 위해 사용할 때는 발전기이고, 전기적 입력을 기계적 출력을 얻기 위해 사용할 때는 전동기가 된다. 구조가 같다고 하여 발전기로 설계된 것을 전동기로 사용하거나 전동기로 설계된 것을 발전기로 사용하면 만족스러운 결과를 얻을 수 없고 최상의 상태로 운전하려면 약간의 설계 변경이 필요하다.

직류발전기의 구조를 알기 위해서는 직류발전기의 주요 부분을 우선적으로 분류하는 것이 필요하다. 총 3가지로 구분할 수 있는데 전기자를 통과하는 자속을 만드는 부분을 계자(field), 계자에서 만든 자속을 끊어서 기전력을 유도하는 부분을 전기자(armature), 그리고 전기자 권선에서 유도된 교류를 직류로 바꾸어 주는 부분을 정류자(commutator)로 구분한다.

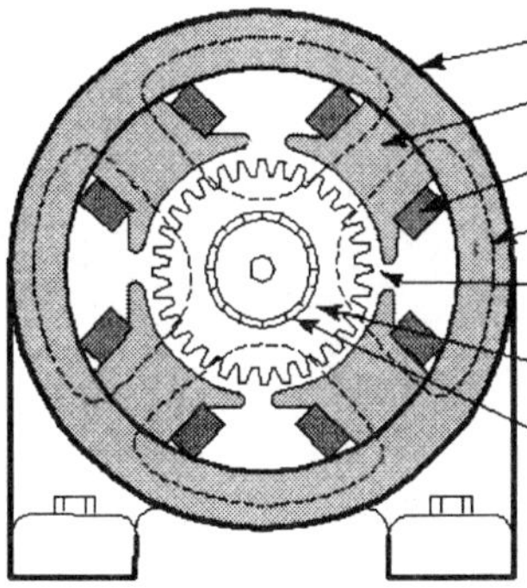

그림 3-3 직류발전기의 구조

계자(field magnet)는 자속을 발생하는 부분을 일컫는다. 일반적으로 영구자석이나 전자석이 있다. 특수 소형을 제외하고는 대부분 전자석을 사용하므로 ① 계철, ② 자극 철심(자극편), ③ 계자 권선, ④ 보극 및 보상권선, ⑤ 공극으로 되어 있다. 계철, 계자 철심, 자극편, 공극, 전기자 철심을 통해 자속이 형성됨으로써 직류기의 자기 회로가 형성되는 것이다.

계철은 직류기의 바깥 틀을 형성함과 동시에 계자 권선이 감긴 자극 철심을 지지하고 또한 베어링 브래킷을 지지하므로 기계적으로 튼튼하게 만든다. 계철은 주철제, 주강제, 또는 연강판을 용접하여 조립하여 사용되며 대형의 것은 제작이나 운반하기 쉽게 상하 두 부분으로 분할하여 만들어 볼트로 죄어 사용할 때도 있다. 연강판은 주철보다 가볍고 비투자율이 높으며 기계적 강도가 커서 비교적 대형에 많이 사용된다. 보통 두께 0.8~1.6[mm]의 연강판을 성층하여 사용한다.

자극 철심(계자 철심)은 주강이나 강판으로 제작하며 주강으로 만들 때는 자극편은 성층하여 사용하고, 강판으로 만들 때는 계자의 자속은 일정하므로 성층 철심으로 할 필요는 없으나 제작하기 쉽게 그림 3-4와 같이 자극편과 함께 강판을 찍어서 만든다. 정류를 잘 되게 하고 소음도 감소시키기 위하여 그림 3-4의 (a)와 같이 강판의 한쪽 귀를 잘라서 잘린 부분을 교대로 하여 성층하는 경우도 있다.

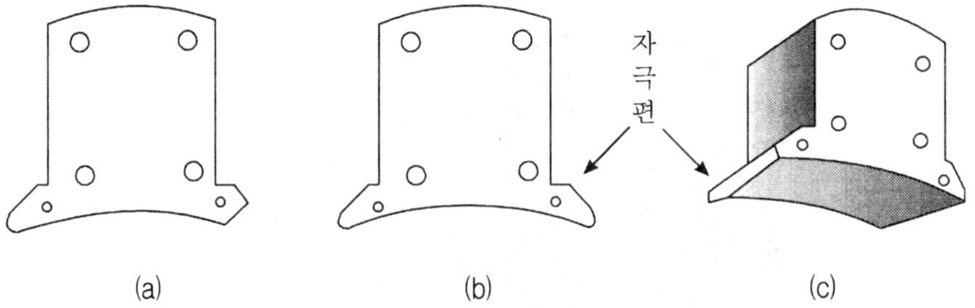

그림 3-4 계자 철심

자극편은 고정자와 회전자 사이의 공극을 일정하게 하여 공극의 자속 분포를 일정하게 하는 역할을 한다. 자극편을 만들 때, 강판을 이용하여 성층하는 것은 자극편에 와류가 흘러 생기는 와류손을 줄이기 위한 것이다.

계자 권선은 자속을 발생하는 부분으로 계자 철심에 감겨 있다. 계자 권선에는 권선에 흐르는 전류의 대소에 따라 평각 동선 또는 둥근 동선이 사용된다. 권선은 절연한 동선을 형권으로 하여 계자 철심에 삽입한 다음, 절연 니스에 함침한 후 건조시켜 내습성을 갖도록 한다. 분권계자권선은 전류가 적고 권수가 많을 때 사용한다. 이 경우, 코일이 가늘고, 저항값이 매우 큰 특징이 있다. 직권계자권선의 경우, 전류가 크고 권수가 적을 때 사용하며, 코일이 굵고, 저항이 매우 적은 특징이 있다.

보극은 주 자극은 중간에 위치하는 작은 자극으로 정류를 개선하는데 사용된다. 또한 보상권선은 전기자 전류에 의한 기자력을 상쇄하기 위하여 주 자극의 자극편에 슬롯을 만들어 그림과 같은 방향으로 전기자 전류를 통하게 한 권선으로서 전기자 반작용을 상쇄시킬 수 있다.

공극(air gap)은 자극편과 전기자 사이의 간격으로서, 이것이 좁을수록 계자권선의 기자력은 적어도 되나, 너무 간격이 좁으면 특성도 나빠지고, 기계적으로 고장이 생기기 쉬우므로, 일반적으로 소형에서는 3[mm], 대형기에서는 6~8[mm]정도로 한다.

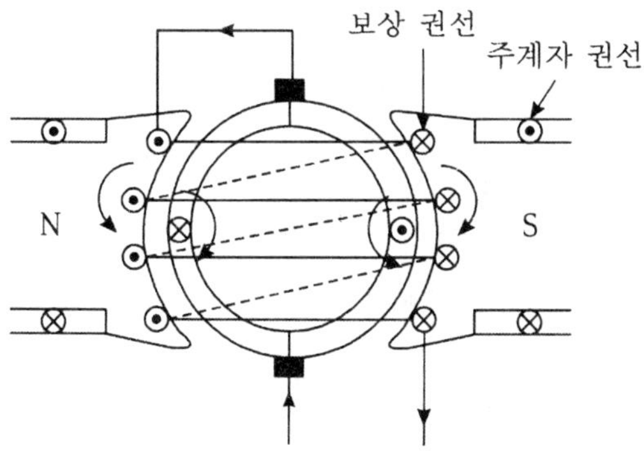

그림 3-5 보상권선

전기자(armature)는 원동기로 회전되며 자속을 끊어 기전력을 발생하는 부분으로 전기자 철심(armature core)과 전기자 권선으로 이루어져 있다.

전기자 철심은 계자와 함께 자기 회로를 이루는 부분이지만, 자계 안에서 전기자가 회전하면 전기자 철심에 자속이 지나면서 자속 방향의 변화가 생기므로 철심에 와전류와 히스테리시스 현상이 생긴다. 와류손 $P_e = \sigma_e(tfk_f B_m)^2$을 감소시키기 위해서 철심의 단위 두께 t를 적게한 얇은 철판을 성층한다. 또한 히스테리시스손을 줄이기 위하여 두께 0.35~0.7[mm]의 규소 강판 또는 무기질이나 반유기질로 절연 피막을 한 두께 0.35~0.65[mm]의 무방향성 규소 강판을 사용한다. 전기자 권선을 넣기 위한 홈을 슬롯(slot)이라 하며, 기기의 규모에 따라 여러 가지 모양이 존재한다. 슬롯과 슬롯의 중간부분을 치라고 한다.

전기자 권선은 권선 틀(former)에 의한 형권 코일(former-wound coil)이 주로 사용된다. 이 때, 전기자 코일의 도체에는 전류의 대소에 따라 도전율 98[%] 이상인 연동의 둥근 동선 또는 평각선이 사용된다. 권선이 슬롯 홈에 들어가는 부분을 권선변(혹은 코일변 coil side), 슬롯 홈의 바깥 부분을 권선단(혹은 코일단 coil end)이라 한다.

절연 정도에 따라 이 코일을 절연하는 방법을 달리하는데, 면권선, 에나멜선, 평각 강선 등 피복의 재질을 여러 가지로 선택하여 적용한다. 전기자 코일의 절연물은 절연 내력이 충분하고, 기계적으로 충분한 강도가 있어야 한다.

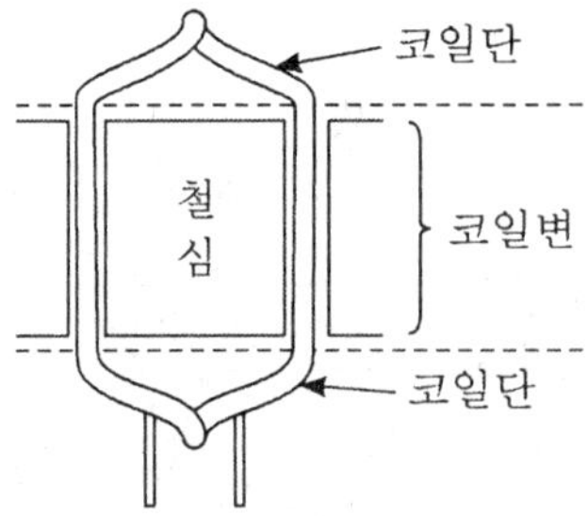

그림 3-6 전기자권선 구조

정류자(commutator)는 브러시와 접촉하여 유기 기전력을 정류하여 직류로 변환하는 부분으로 운전 중 항상 브러시와 접촉하여 마찰이 생길 뿐만 아니라 불꽃 등에 의하여 고온도로 되므로 전기적으로나 기계적으로도 충분히 견고하게 만든다. 정류자는 다수의 정류자 편을 조립하여 원통형으로 만든 구조물이며 정류자가 회전을 하게 될 때는 다수의 정류자 편이 브러시와 접촉, 마찰, 접촉해제 되어 전기자의 발생 전류를 브러쉬를 통해 switch on/off 시키는 동작이 반복된다.

브러시(brush)는 정류자면에 접촉하여 전기자 권선과 외부 회로를 연결하는 것이다. 브러시의 구비조건으로는 첫째, 적당한 접촉저항을 가져야 하고, 둘째, 연마성이 적어 정류자면의 손상이 적을 것, 마지막으로는 기계적으로 견고해야 한다.

브러시의 종류에는 탄소질 브러시, 흑연질 브러시, 전기 흑연질 브러시, 금속 흑연질 브러시가 있다. 이 중, 탄소질 브러시는 저항률, 마찰계수가 크고 허용전류가 적으며 주로 소형기, 저속기에 사용된다. 흑연질 브러시의 경우, 저항률과 접촉 저항이 적고 허용 전류는 커서 대전류, 고속기에 사용된다. 일반 직류기에는 전기 흑연질 브러시를 사용하며, 금속 흑연질 브러시는 전류 용량이 크고 저전압, 대전류의 기계에 사용한다.

브러시의 정류자면 접촉압력은 $0.15 \sim 0.25[kg/cm^2]$이고, 브러시의 구성요소로는 로커, 피그테일, 홀더가 있다. 브러시 전체를 정류자면에 따라 이동시킬 필요가 있을 때는 브러시 홀더를 로커(rocker)로 지지한다. 피그테일이란, 브러시 전류가 스프링을 통해 흐르면 스프링이 과열되어 특성이 변화하므로 이를 방지하기 위하여 동연선으로 만든 전선을 통해 브러시의 전류가 흐르도록 한 것을 말한다. 마지막으로 홀더란 브러시를 정류자 면의 적당한 위치에서 스프링에 의해 항상 일정한 압력으로 정류자면에 접촉시키는 장치를 의미한다.

3.1.3 전기자 권선법

전기자 권선은 분포된 자계안에서 자속에 쇄교함으로써 적절한 기전력을 유기하도록 만들 수 있도록 권선의 형상이 설계되어질 필요가 있다. 전기자 권선을 홈에 삽입하고 권선을 접속하는 방법을 알아보자. 다양한 전기자 권선법이 존재하지만, 그 중에서도 현재 사용하는 것과 사용하지 않는 것이 존재한다. 일반적으로 전기기사에서 요구하는 권선법의 분류는 단중중권이냐 단중파권이냐 하는 것이다. 그러나, 용도에 따라 특수기기를 만들어야 하는 경우도 다양하게 존재할 수 있으므로 권선법의 분류에 대해 한번 정리하고 넘어가야 할 필요가 있다.

전기자권선법 종류

고상권 / 환상권

개로권 / 폐로권 / 개로건 / 폐로권

단층권 / 2층권 / 단중권 / 다중권

중권 / ***파권***

전절권 / ***단절권*** / ***단절권***

단중권 / 다중권 / ***단중권*** / 다중권

우선, 권선법에는 환상권(ring winding)과 고상권(drum winding)이 있으며, 이 중에서 고상권을 사용하는 것이 일반적이다.

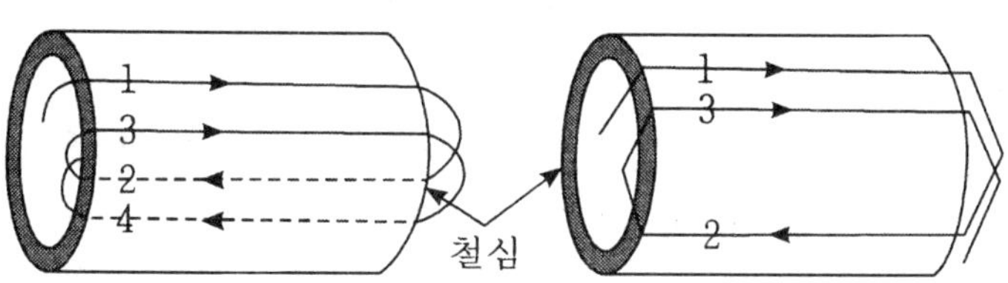

(a) 환상권 (b) 고상권

그림 3-7 환상권과 고상권

환상권은 통의 중심이 비어있는 원통형 철심의 내벽을 권선을 이용하여 관통한 후 외벽을 감싸 ring 모양을 만드는 모양이다. 이로 인해 자속과 유효하게 쇄교되어 기전력을 발생시키는데 기여하는 권선은 철심의 외벽부분에만 해당되어 대단히 비경제적이고 권선을 하는데에도 어려움이 있어 특수한 경우를 제외하고는 사용되

지 않는다. 고상권은 권선들이 원통형 철심의 외벽에만 분포할 수 있도록 철심의 외벽 표면에 홈을 만들어 이에 권선을 삽입하는 방식으로 대부분의 도체가 기전력을 발생시키는 데 기여함으로써 환상권에 비하여 경제적이며, 권선하기가 쉬워 대부분 전기자 권선으로 고상권을 사용한다.

또한 권선법은 폐로권과 개로권으로 나눌 수 있으며 이 중에서 폐로권을 사용하는 것이 일반적이다.

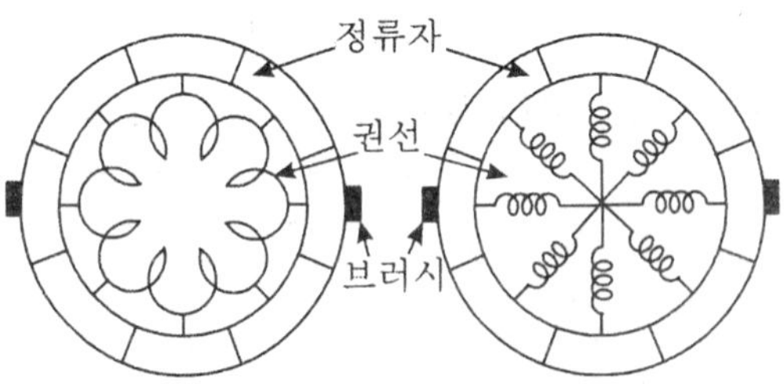

(a) 폐로권 (b) 개로권

그림 3-8 폐로권과 개로권

폐로권은 권선들의 접속이 폐회로를 이루도록 형성되어 있지만 개로권은 권선들의 접속을 몇 개의 독립 권선으로 구분하여 정류자에 접속되어 있으므로 각 독립 권선은 브러시를 통하여 외부 회로와 연결되었을 때만 폐회로가 된다. 따라서 개로권은 정류자와의 접속을 통해 외부 회로와 연결된 권선에 발생된 기전력만이 이용되지만 폐로권은 모든 권선에서 발생된 기전력을 이용할 수 있어 개로권은 사용되지 않고 폐로권만이 사용된다.

세 번째로 권선법은 단층권과 2층권으로 나눌 수 있으며 이 중에서 2층권을 사용한다. 한 개의 슬롯 홈에 한 개의 권선변을 넣는 것을 **단층권**(single layer winding), 두 개의 권선변을 슬롯 홈에 상하 2층으로 넣는 것을 **2층권**(double layer winding)이라 한다. 2층권은 권선의 제작 및 권선 작업이 용이하므로 대부분 2층권을 사용한다.

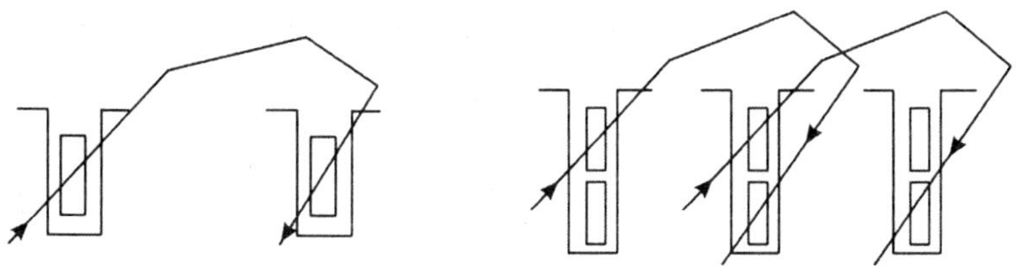

(a) 단층권 (b) 2층권

그림 3-9 단층권과 2층권

마지막으로 권선법은 전절권과 단절권으로 나눌 수 있으며 이 중에서 단절권을 사용한다. 권선절과 극절이 같은 것을 **전절권**, 권선절이 극절보다 작은 것을 **단절권**이라 하며 권선절을 적당히 선정하면 특정 고조파를 제거하여 기전력의 파형을 개선할 수 있으며 권선단의 길이가 짧아져 기계 전체의 길이가 축소되며 동량(銅量)이 적게 들기 때문에 동기기는 단절권을 주로 사용한다.

즉, 직류기의 전기자 권선은 이층권, 고상권, 폐로권을 채택한다.

이중, 앞서 언급한 2층권은 중권과 파권으로 분류할 수 있으며 이에 대한 형상은 다음과 같다.

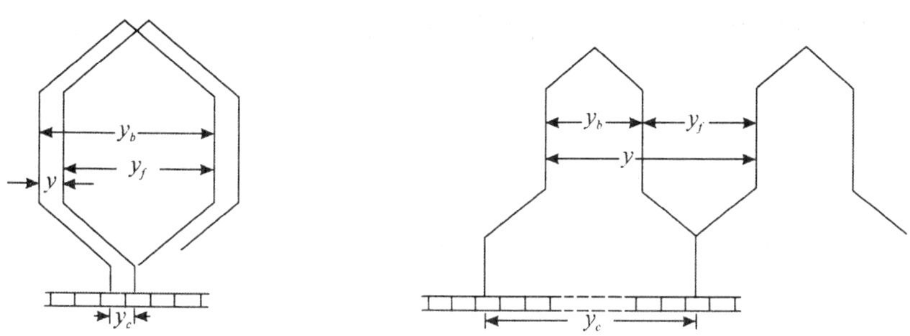

(a) 중권 (b) 파권

그림 3-10 중권과 파권

전기자 권선에서 사용되는 용어를 알아두면 좀 더 자세하게 권선법을 학습하는 데에 도움이 되므로 여기서 소개하고자 한다. 위의 그림 3-10에 표시된 내용을 참고하여 보면 전절(front pitch) y_f는 정류자편에 접속된 두 권선변 사이의 간격을 의미한다. 후절(back pitch) y_b은 정류자와 반대편에 있는 두 권선변 사이의 간격으로 권선변수로 표시한다. 극절(pole pitch)은 극과 극 사이의 간격으로 전기각,

권선변수 또는 홈 수로 표시한다. 권선절(winding pitch)은 권선의 양 권선변 사이의 간격으로 전기각, 권선변수 또는 홈 수로 표시하며 후절과 같다. 정류자절 y_c 은 한 권선의 양 권선변에 연결된 정류자편 사이의 간격으로 정류자편수로 표시한다. 합성 권선절(resultant pitch) y는

$$\left.\begin{aligned} &\text{중권}: y=y_b-y_f=\pm m(+\text{는 진권}, -\text{는 역진권}) \\ &\text{파권}: y=y_b+y_f \end{aligned}\right\} \quad (3\text{-}2)$$

으로 합성절 또는 합성 피치라고도 하며 권선변수로 표시한다. 여기서 m은 다중도로 단중 중권일 때 $m=1$이다.

극수 P, 홈수 S인 전기자 권선을 권선할 때를 가정하여 권선을 설명하면,

1개의 홈에 넣는 권선변수 : μ

전체의 권선변수 : $Z_c=\mu S$

이고 한 개의 권선에는 2개의 권선변이 있으므로

권선의 수 : $\mu S/2$

이며 2개의 권선변이 하나의 정류자편에 접속되므로

정류자 편수 : $k=\mu S/2$

일반적으로 $\mu=2$이며 Z_c/P에 가까운 홀수를 취하여 후절과 전절로 한다.

예를 들면, 도체가 12개인 경우 파권과 4극인 중권의 접속도는 다음과 같다.

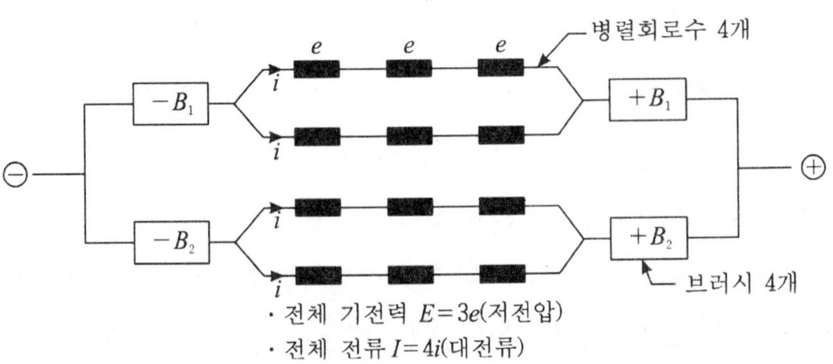

· 전체 기전력 $E=3e$(저전압)

· 전체 전류 $I=4i$(대전류)

그림 3-11 중권과 파권의 접속도 비교

따라서, 중권과 파권의 경우를 요약 정리하면 다음과 같다.

비교 항목	단중 중권	단중 파권
전기자의 병렬 회로수(a)	$p(mp)$	$2(2m)$
브러시 수(b)	p	2
전류전압규모	저전압, 대전류	고전압, 소전류
균압접속	4극 이상이면 균압 접속 필요	균압 접속 필요없음

여기서, m : 다중도

3.1.4 유기기전력

P극 직류발전기에서 전기자 권선의 주변 속도를 v[m/s], 공극의 평균 자속밀도를 B[Wb/m^2], 도체의 유효 길이를 l[m]라 하면, 한 개의 전기자 도체에서 발생하는 유기기전력(e)은 다음과 같다.

$$e = Blv[\text{V}] \tag{3-3}$$

여기서 전기자의 회전속도가 n[rps]일 때 전기자의 직선운동속도 v(=전기자의 원둘레×회전수)이므로 다음과 같다.

$$v = \pi DN[\text{m/sec}] \tag{3-4}$$

이를 식 (3-3)에 대입하면 한 개의 전기자 도체가 회전운동을 하여 발생하는 유기기전력은 다음과 같이 표현할 수 있다.

$$e = Bl\pi DN = \{B\times(l\pi D)\}\times N = \{\text{자속밀도}\times\text{회전자 원통 표면적}\}\times\text{회전수}$$
$$= P\phi\times N = \text{전체 자속}\times\text{회전수} \quad (3\text{-}5)$$

πDl은 전기자 주변의 표면적으로 이것에 평균 자속밀도 B[Wb/m^2]를 곱한 것이 전기자 표면의 총 자속으로 극당 자속 ϕ[Wb]와 극수 P를 곱한 것과 같다. 즉 $B\pi Dl = P\phi$으로 식 (3-4)에 대입하면 다음과 같다.

$$e = P\phi N \quad (3\text{-}6)$$

직류발전기에서 한 병렬 회로의 직렬 도체수는 Z/a이므로 직류발전기의 유기기전력 E[V]는

$$E = \frac{Z}{a}e = \frac{PZ\phi N}{a}\text{ [V]} \quad (3\text{-}7)$$

으로 Z는 전기자의 총 도체수이고 a는 전기자의 병렬 회로수이다.

발전기의 단자전압은 기전력에서 전기자 저항의 전압 강하를 뺀 것으로 전기자 전류와 전기자 저항을 각각 I_a, R_a라 하면 다음과 같이 된다.

$$V = E - I_aR_a\text{[V]} \quad (3\text{-}8)$$

▌예제 3-1▐

직류발전기를 구성하는 주요 부분 3가지는?

풀이 전기자, 계자, 정류자

▌예제 3-2▐

보통 전기기계에서는 규소강판을 성층하여 사용하는데, 그 이유는 무엇을 위한 것인가?

풀이 와류손 $P_e = \sigma_e(tfk_fB_m)^2$에서 철심의 단위 두께 t를 적게 하여 와류손을 감소시킨다.

▌예제 3-3▐

단중 중권으로 된 직류 4극 분권 발전기의 전 전류가 I[A]일 때 각 권선에 흐르는 전류는?

풀이 단중 중권에서는 $a=p$이므로 각 권선 전류는 다음과 같다.

$$i_a = \frac{I}{a} = \frac{I}{4}[A]$$

▌예제 3-4▐

직류기의 전기자에 사용되는 권선법 중 가장 많이 사용되는 것은?

풀이 직류기의 전기자 권선은 고상권, 폐로권, 2층권 및 단절권을 사용한다.

▌예제 3-5▐

직류발전기에서 전기자 권선이 단중 중권일 때, 자극수 4, 전기자 총 도체수 500, 극당 자속 0.01[Wb], 회전수 1200[rpm]의 유기 기전력은 몇 [V]가 되겠는가?

풀이 $E=\frac{P}{a} \cdot Z\phi N=\frac{4}{4}\times 500\times 0.01\times \frac{1200}{60}=100[V]$

▌예제 3-6▐

단중 중권 발전기가 회전수 250[rpm]으로 회전할 때 권선변수 192, 한 개의 권선변에 있는 도체수 4, 자극수 4, 전기자 저항 0.06[Ω]이고 단자 전압 500[V], 전기자 전류가 200[A]이면 유기 기전력[V]과 자속[Wb]은 얼마인가?

풀이 유기 기전력 $E=V+I_aR_a=500+200\times 0.06=512[V]$

총 도체수 $Z=192\times 4=768$, 단중 중권에서 $a=P$으로

식 (3-7)에 대입하면

$512=\frac{4}{4}\times 768\times \phi\times \frac{250}{60}$ 으로 $\phi=0.16[Wb]$이다.

3.2 직류발전기의 전기자 반작용과 정류 (Armature Reaction & Commutation of DC Generator)

3.2.1 직류발전기의 전기자 반작용

발전기에 부하를 접속하면 전기자 권선에 전기자 전류가 흐르고 이 전기자 전류 때문에 전기자 권선에 발생하는 전기자 기자력이 계자 기자력에 영향을 준다. 아래의 그림 3-12는 전기자 반작용을 일으키는 자속분포를 분석한 그림이다. 보통 무부하일 때는 자속의 분포가 N, S극에 의한 자속분포의 모양으로 이상적이지만 (a), 부하에 에너지를 공급하는 경우에는 전기자 코일에 전류가 흐르게 되고 이 전류에 의한 얘기치 않은 자속이 발생한다(b). 이 두 자속의 합성에 의한 자속의 분포는 이상적인 경우(a)와는 다른 형상으로 형성된다.

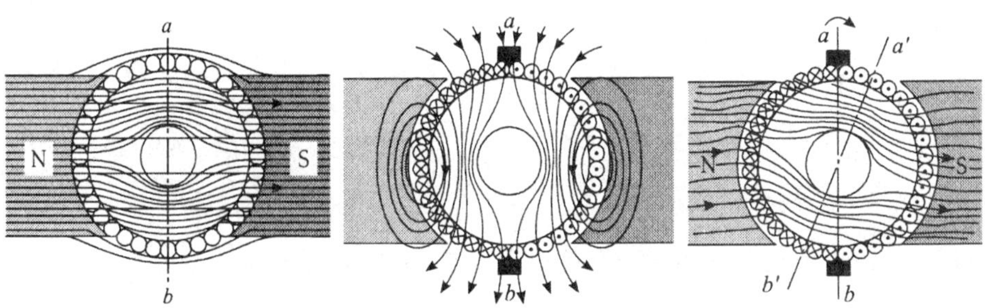

(a) 계자만의 자속　(b) 전기자 전류에 의한 자속　(c) 복합자속((a)+(b))

그림 3-12 전기자 반작용을 일으키는 자속분포도

그림 3-13의 (a)는 2극 발전기의 전기자 단면도로 화살표는 무부하시 계자의 자속 분포를 나타낸 것이고 그림 (b)는 공극의 자속 분포를 전개하여 표시한 것으로 자극과 자극의 중간 부분에는 점차 자속이 감소하여 양극의 중간에서는 0이 된다. 이와 같이 자속이 0이 되는 위치 n을 중성점(neutral point), a, b를 중성축 또는 정류축(axis of commutation)이라 부른다.

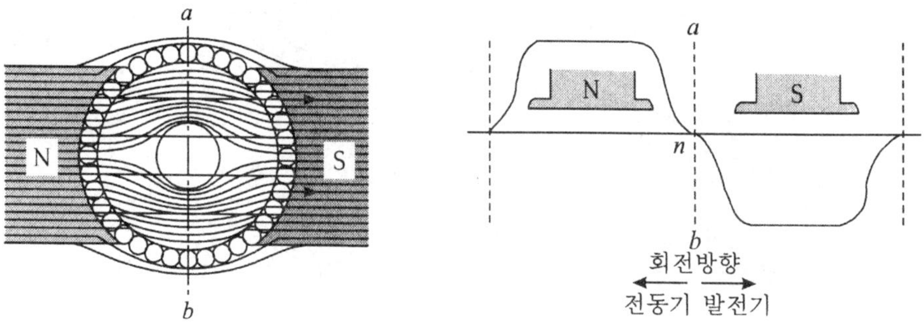

(a) (b)

그림 3-13 계자 자속 분포(무부하시 주자속)

그림 3-14는 부하를 접속하였을 때, 전기자에 흐르는 전류에 의하여 전기자에 발생하는 자속을 나타낸 것으로 계자 자속에 직각 방향으로 발생하므로 교차 자화 작용(cross magnetizing action)이라 한다.

그림 (b)에서 전기자 기자력은 직선으로 양 자극의 중간에서 방향이 달라지며, 양 자극의 중심에서 기자력은 최대가 되나 이 부분은 공극이 넓고 자기 저항이 크므로 자속의 분포는 그림과 같이 된다.

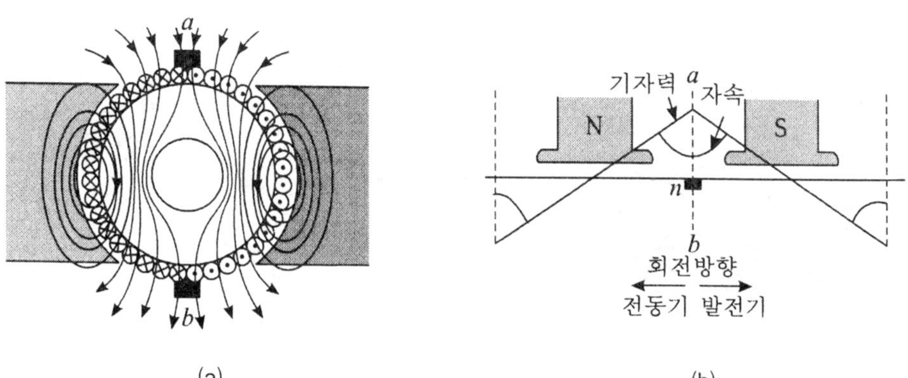

(a) (b)

그림 3-14 전기자 전류에 의한 자속 분포(교차 자화 작용)

그림 3-15는 전기자 자속의 경로를 표시한 것이다.

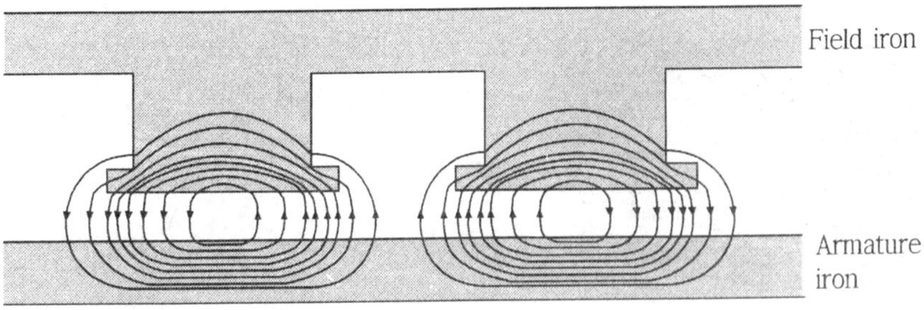

그림 3-15 전기자 자속의 경로

발전기에 부하를 접속하였을 때, 발전기에는 계자 전류와 전기자 전류가 동시에 흐르므로 부하시의 공극의 자속 분포는 그림 3-13과 그림 3-14를 합성한 것이 되어 그림 3-16과 같이 된다.

그림 3-16에서 회전 방향에 대하여 자극의 앞쪽에서는 계자 자속과 전기자 자속이 서로 반대 방향으로 작용하여 감소되고, 뒤쪽에서는 양 자속이 같은 방향으로 서로 합해져서 지속의 분포가 한쪽으로 치우치는 현상을 편자작용이라 한다. 그림 3-16(b)에서 공극에 분포되어 있는 계자 자속의 전체량에는 변화가 없는 것 같지만 철심의 자기 포화 현상으로 계자의 자속은 감소한다.

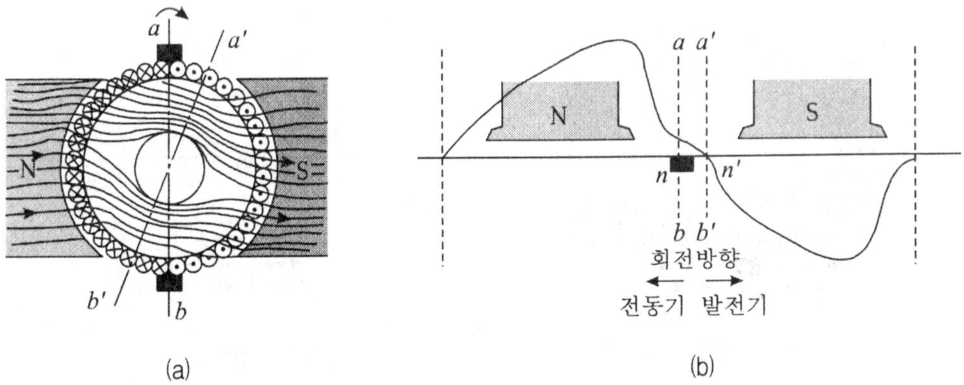

그림 3-16 공극의 자속 분포

그림 (b)에서 n점을 기하학적 중성점, n'를 전기적 중성점이라 하며 nn'간의 이동각은 부하 전류의 크기에 따라 변한다.

전기자 반작용 때문에 공극의 자속 분포가 일정치 않으므로 각 권선에서 발생하는 기전력은 일정하지 않다. 따라서 각 정류자편간 전압에는 차이가 생겨 브러시가 정류자편과 접촉할 때 불꽃이 발생한다. 또한 브러시를 전기적 중성점 n'로 옮

기지 않으면 브러시로 단락되고 있는 권선에 기전력이 발생하여 불꽃의 원인이 되므로 부하 전류가 일정한 경우는 브러시를 전기적 중성점 n'로 이동시키지만 부하 전류가 변하는 경우는 부하가 변할 때마다 브러시를 이동시키는 것은 불가능하므로 브러시를 이동시키지 않고 기하학적 중성점이 전기적 중성점이 되도록 보극을 설치한다. 이와 같이 전기자 전류에 의한 자속이 계자 자속에 미치는 영향을 전기자 반작용(armature reaction)이라 하며, 다음과 같은 세 가지 영향으로 정리할 수 있다.

첫째 : 전기적 중성점이 이동한다.
둘째 : 주자속이 감소된다.
셋째 : 정류자편간 전압이 일정하지 않으므로 정류자와 브러시 사이에 불꽃이 발생한다.

브러시를 기하학적 중성점에서 전기적 중성점 n'으로 이동시키면 전기자 전류에 의한 자속 분포는 그림 3-17과 같이 된다.

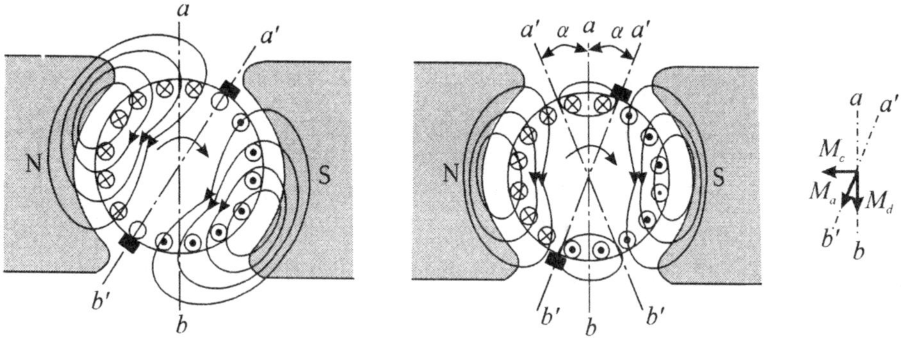

그림 3-17 감자 기자력

브러시를 기하학적 중성점에서 회전 방향으로 옮긴 각 α를 브러시의 진각이라 하며 기하학적 중성축을 중심으로 2α의 범위에 있는 전기자 권선의 기자력은 계자 기자력의 방향과 반대 방향의 기자력으로 감자 기자력이라 한다.

전기자 기자력은 $AT = \dfrac{ZI_a}{2aP}$ [AT/극]으로 감자 기자력은

$$AT_d = \frac{I_a Z}{2ap} \frac{2\alpha}{180} \text{[AT/극]} \quad (3\text{-}9)$$

이 되고 보극이 있는 발전기는 브러시를 이동시키지 않으므로 감자 기자력은 없다.

180－2α＝β의 범위에 있는 권선의 기자력을 교차 기자력이라 하며

$$AT_c = \frac{I_a Z}{2ap} \frac{\beta}{180} \text{[AT/극]} \quad (3\text{-}10)$$

으로 나타낸다. 전기자 반작용 때문에 기하학적 중성점에 자속이 존재하여 브러시로 단락되고 있는 권선에 유기되는 기전력으로 브러시에 불꽃이 발생하므로 중성점에 존재하는 자속을 상쇄할 수 있도록 주자극 사이에 설치하는 자극을 보극 또는 정류극이라고 한다.

보극의 기자력은 전기자 기자력에 비례하도록 전기자 권선과 직렬로 접속하며 중성점의 자속을 상쇄할 수 있는 것보다 크게 한다. 이것은 정류에서 설명하는 리액턴스 전압 때문이다.

보극의 철심은 연강을 보통 사용하지만 부하가 심하게 변하는 기계는 강판을 성층하여 와류를 감소하는 경우도 있다.

발전기에서 보극의 극성은 보극을 설치할 장소에서 보아 회전 방향쪽에 있는 주자극의 극성과 같게 하고 전동기는 반대 극성으로 한다.

보극으로 중성점의 자속은 상쇄되지만 나머지 부분의 전기자 반작용의 영향은 그대로 있어 정류자 편간 전압이 일정하지 않아 브러시에 불꽃을 일으키므로 근본적으로 전기자 반작용의 원인인 전기자 기자력을 상쇄시킬 생각에서 나온 것이지만 전기자에 전기자 권선과 똑같은 권선을 하는 비경제성 때문에 자극편에 홈을 만들어 권선을 하고 이 권선과 전기자 권선을 직렬로 접속하여 전기자 전류를 반대 방향으로 흘리면 어느 정도의 전기자 반작용을 감소할 수 있다. 이와 같은 권선을 보상 권선이라 하며 보상 권선이 있는 기계라 하더라도 전기자 반작용이 완전히 상쇄되지 않을 뿐만 아니라 리액턴스 전압 때문에 보극을 설치한다.

3.2.2 직류발전기의 정류

전기자 권선에 흐르는 전류의 방향은 권선이 브러시를 지날 때마다 반대가 되나 브러시에 접촉되지 않은 권선의 전류는 일정한 방향으로 나타난다. 이것을 정류

작용(commutation)이라 한다.

그림 3-18은 권선변이 3과 10인 권선의 정류 과정을 나타낸 것이다.

그림 (a)에서 브러시는 정류자편 3에만 접촉하고 있어 권선변 5에 흐르는 전류와 권선변 3과 10에 흐르는 전류가 합해진 $2I_c$의 전류가 정류자편 3과 브러시를 통하여 부하에 흐르며, 이 때의 권선변 3의 전류 방향은 위로 향하고 권선변 10의 방향은 아래로 향하고 있다.

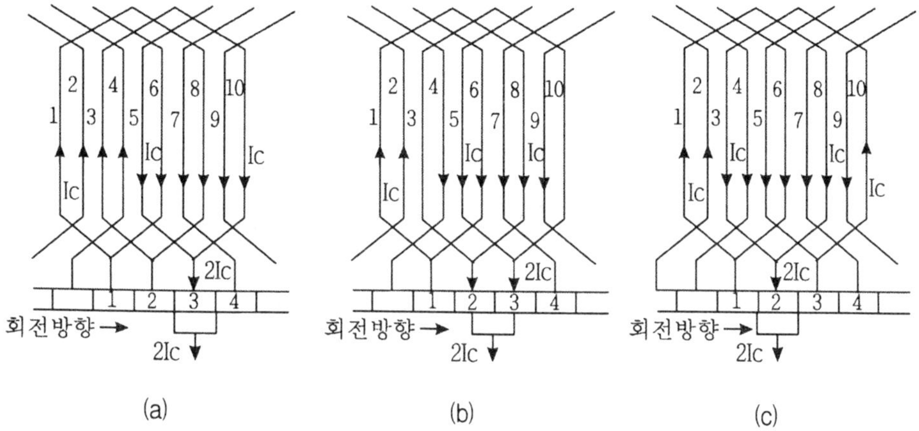

그림 3-18 정류작용

그림 (b)는 정류자가 약간 회전하여 브러시가 정류자편 3과 2의 중앙에 접촉하고 있는 경우로, 권선변 1에서 권선변 8를 지나 정류자편 2에 흐르는 전류와 권선변 5에서 정류자편 3에 흐르는 전류가 합해진 $2I_c$의 전류가 브러시를 통하여 부하로 흐르며 권선변 3과 10에는 전류가 흐르지 않는다.

그림 (c)는 정류자가 약간 더 회전하여 브러시가 정류자편 2에만 접촉하는 경우로 권선변 1과 8에 흐르는 전류와 권선변 10과 3에 흐르는 전류가 합해진 $2I_c$의 전류가 정류자편 2와 브러시를 통하여 부하에 흐르며 권선변 3과 10에 흐르는 전류의 방향은 그림 (a)의 방향과 반대가 되어 정류중인 권선의 전류 i는 $+I_c$에서 0이 되었다가 $-I_c$가 되어 정류가 되었음을 알 수 있다.

권선이 브러시로 단락되기 시작하면서 정류가 시작되어 단락이 끝나 정류가 완료할 때까지의 시간을 **정류 주기**라 한다.

브러시 폭을 b[m], 정류자편 사이의 절연물 폭을 δ[m], 정류자의 주변 속도를

v_c[m/s]라 할 때 정류 주기 T_c는 다음과 같이 나타낸다.

$$T_c = \frac{b-\delta}{V_c} \text{ [s]} \tag{3-11}$$

그림 3-19는 정류중인 권선의 전류 i_a의 변화를 나타낸 곡선으로 정류 곡선이라고 한다.

곡선 a는 전류가 직선적으로 변화하는 것으로 직선정류 또는 저항정류라 하며 이상적인 정류이고, 곡선 b는 정현파 정류로 정류가 시작될 때와 끝날 때, 전류의 변화가 적어 불꽃이 발생하지 않으므로 곡선 a와 b가 바람직한 정류 곡선이다.

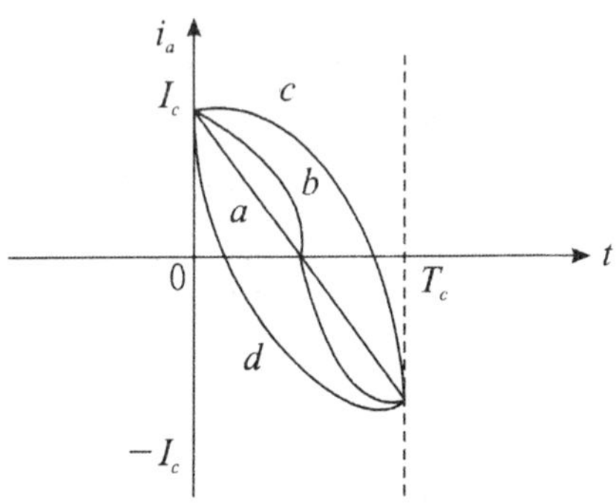

(양호 : a직선정류 / b정현파정류)
(불꽃발생 : c부족정류 / d과정류)

그림 3-19 정류 곡선

곡선 c는 부족정류로 정류가 끝날 때(브러쉬 뒤쪽), 곡선 d는 과정류로 정류가 시작할 때(브러쉬 앞쪽), 전류의 변화가 커 브러시에서 불꽃이 발생한다.

그림 3-19의 곡선 a와 같은 정류 곡선이 되는 저항 정류는 권선의 자기 인덕턴스나 상호 인덕턴스가 없고 전기자 반작용이 없어 보극이 없으며 정류중인 권선의 저항이 정류자와 브러시의 접촉 저항에 비하여 상당히 적어 무시할 수 있는 경우에 얻어지므로 접촉 저항이 큰 탄소질이나 전기 흑연질의 브러시를 사용하여 정류하는 방식이다. 다시 말해 저항정류는 접촉저항이 큰 탄소 브러시를 사용하여 정류 코일의 단락 전류를 억제해서 양호한 정류를 얻는 방법이다.

권선은 반드시 자기 인덕턴스 L이나 상호 인덕턴스 M이 있으므로 정류중인 권선에 흐르는 전류 i_a의 값이 변화하면 렌츠의 법칙에 의하여 전류의 변화를 방해하는 유기 기전력이 발생한다. 이 기전력을 리액턴스 전압이라 한다. 그림 3-19의 곡선 b와 같이 전류의 변화가 늦어져 정류가 끝나는 순간에서 전류의 변화가 커서 높은 리액턴스 전압이 정류중인 권선에 발생하여 정류가 끝나는 브러시의 끝부분에서 불꽃이 발생한다.

정류중인 권선의 리액턴스 전압은 $e=-(L+M)di_a/dt$으로, i_a는 정류 주기 T_c동안에 I_c에서 $-I_c$로 변화하므로 평균값

$$E=(L+M)\frac{I_c-(-I_c)}{T_c}=(L+M)\frac{2I_c}{T_c} \tag{3-12}$$

이 된다.

보극을 설치하여, 보극에서 발생한 자속이 전기자 반작용으로 중성점에 존재하는 자속을 상쇄하고 남은 자속으로 정류중인 권선에 기전력을 발생하여 리액턴스 전압을 상쇄하므로써 그림 3-19의 곡선 b와 같은 정현파 정류가 되도록 하는 방식을 전압 정류라 한다. 리액턴스 전압을 상쇄시키는 리액턴스 전압과 크기가 같고 방향이 반대인 기전력을 **정류 전압**이라 한다.

이와 같이 보극은 양호한 정류를 위하여 중요한 역할을 하므로 정류극이라고도 한다. 따라서 불꽃없는 정류를 위한 조건은 브러시 접촉면 전압강하를 평균 리액턴스 전압보다 크게 하는 것이다.

이 외에도 리액턴스를 적게 하기 위해 단절권을 채택하거나, 정류주기를 길게 하기 위해 회전속도를 낮추는 방법도 양호한 정류를 얻는 방법으로 들 수 있다.

정류자의 편수를 구하는 수식은 u가 슬롯 내부의 코일 변수, N_s가 슬롯수라 할 때, 아래와 같이 나타낼 수 있다.

$$K=\frac{u}{2}N_s \tag{3-13}$$

또한 정류자 편간 전압을 e_{sn}, 유기기전력을 E, 정류자 편수를 K, 극수를 p라고 하면 정류자 편간전압은 아래와 같이 정리하여 표현할 수 있다.

$$e_{sn}=\frac{E}{\frac{K}{p}}=\frac{pE}{K}\,[\mathrm{V}] \tag{3-14}$$

예제 3-7

전기자 병렬 회로수 2인 직류발전기의 매극당 감자 기자력[AT]은 얼마인가? 이 때 이 발전기의 도체수는 500, 부하 전류 200[A], 극수 4이다. 단 브러시의 이동각은 전기각도 20°이다.

풀이 $p=4$, $Z=500$, $a=2$, $I_a=200$[A], $\alpha=20°$이므로, 감자 기자력 AT_d는

$$AT_d=\frac{Z}{2p}\cdot\frac{2\alpha}{180^\circ}\cdot\frac{I_a}{a}=\frac{500}{2\times4}\times2\times\frac{20^\circ}{180^\circ}\times\frac{200}{2}$$

$$=1388.89[\text{AT/극}]$$

예제 3-8

전기각 180°일 때, 극수가 12라면 이에 해당하는 기계각은?

풀이 기계각 $\alpha=\alpha_e\times\frac{2}{p}=180^\circ\times\frac{2}{12}=30^\circ$

예제 3-9

불꽃섬락이 없는 직류기의 양호한 정류를 하기 위한 방법은?

풀이 보극 설치(전압정류)

탄소 브러시 사용(저항정류)

예제 3-10

직류발전기의 회전속도가 빨라진다면 정류상태는 어떻게 되겠는가?

풀이 정류시에 발생하는 평균 리액턴스 전압($E=(L+M)\frac{2I_c}{T_c}$)에서 회전속도가 빨라지면 정류주기(T_c)가 짧아지므로 리액턴스 전압이 증대되어 정류는 불량해진다.

예제 3-11

정류자 편수가 176이고, 8극이며, 단자전압이 220[V], 직렬도체수가 176개이고 중권인 직류발전기가 있다. 정류자 편간 전압[V]은?

풀이 $e_{sa}=\frac{pE}{K}=\frac{220\times8}{176}=10[\text{V}]$

▌예제 3-12▐

다음 단중 중권 직류기의 정류자 편수는 어떻게 되겠는가?
자극수 4, 슬롯수 24, 슬롯 내부코일 변수 4.

풀이 $K = \frac{\text{전 슬롯수} \times \text{스롯내 코일 변수}}{2} = \frac{4 \times 24}{2} = 48$

3.3 직류발전기의 종류와 특성 (Types & Properties of DC Generator)

3.3.1 직류발전기의 여자방식별 종류

직류발전기의 종류별 분류를 위해서는 자계를 분포하게 하는 계자방식별 분류를 기준으로 삼는다. 보통 계자공급을 위해 영구자석이나 전자석을 쓰는데 대부분의 직류기는 전자석을 사용한다. 전자석의 권선에 전류를 흘리는 것을 의미하며 이를 '여자(excitation)'라 한다. 명확히 말하자면, 직류발전기는 여자 방식으로 분류할 수 있고 이를 크게 타여자 방식과 자여자 방식으로 나눌 수 있다. 타여자 방식은 전기자에 공급하는 전류와 독립된(별도의) 전원으로 전자석을 운영하는 것을 의미하고, 자여자 방식은 전기자에 발생된 전류로 여자회로를 운영하는 것이다.

그림 3-20 (a)는 타여자 직류발전기의 여자회로를 표현한 것으로, 독립된 직류전원(축전지 또는 다른 직류발전기)에서 계자 권선에 전류를 흘려 여자시키는 직류발전기로 계자 회로와 전기자 회로는 서로 독립된 회로이다.

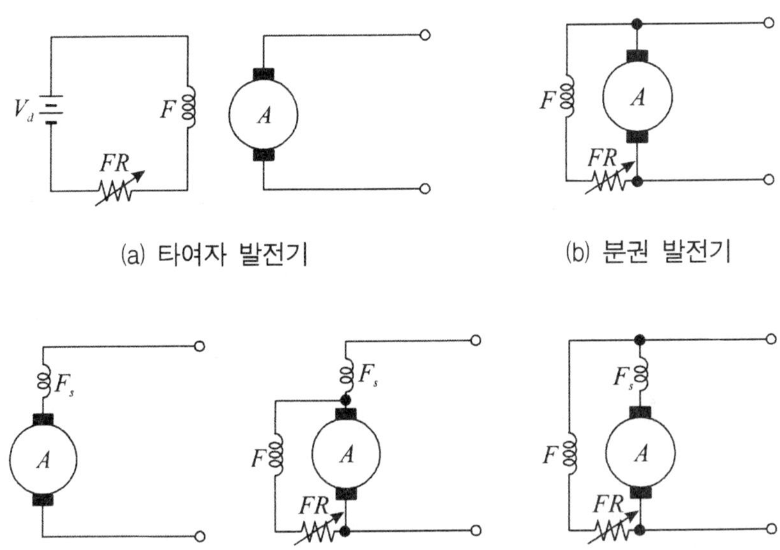

(a) 타여자 발전기 (b) 분권 발전기

(c) 직권 발전기 (d) 내분권 복권 발전기 (e) 외분권 복권 발전기

A: 전기자, F: 분권계자권선, F_s: 직권계자권선, FR: 계자저항조정기

그림 3-20 직류발전기의 종류

자여자 직류발전기는 계자 권선의 전원이 타여자와 달리 전기자에서 발생한 기전력을 계자 권선에 공급하는 직류발전기로 전기자 권선과 계자 권선의 접속 방법에 따라 세 가지로 분류된다.

① 분권발전기 : 그림 3-20 (b)와 같이 전기자 권선과 계자 권선을 병렬로 접속한 발전기.

② 직권발전기 : 그림 3-20 (c)와 같이 계자 권선과 전기자 권선을 직렬로 접속한 발전기.

③ 복권발전기 : 이 발전기는 두 개의 계자 권선, 즉 직권 계자 권선과 분권 계자 권선이 있으며 이들 두 계자 권선과 전기자 권선의 접속 방법에 따라 그림 3-20 (d), (e)와 같이 내분권 복권발전기와 외분권 복권발전기로 구분된다. 또한 두 계자 권선에서 발생하는 자속의 방향이 같은 발전기를 **가동 복권발전기**, 자속의 방향이 반대인 발전기를 **차동 복권발전기**라 한다.

3.3.2 직류발전기의 특성

여러 종류의 직류발전기에서 부하에 적합한 발전기를 선정하려면 발전기의 특성을 알아야 한다. 직류발전기의 여러 특성 중 많이 이용되는 것은 다음과 같은 특성이다.

① 무부하(포화) 특성 곡선(no-load (saturation) characteristic curve) : 발전기가 무부하 상태에서 전기자가 일정한 회전수로 회전하고 있을 때, 계자 전류 I_f와 유기 기전력 E의 관계 곡선을 의미한다.

② 부하 포화 곡선(load saturation curve) : 정격속도에서 I를 정격값으로 유지했을 때, I_f와 V의 관계를 나타내는 곡선을 의미한다.

③ 외부 특성(externa characteristic curve) : 회전수와 계자 전류가 일정할 때 부하 전류 I와 단자 전압 V의 관계 곡선을 의미한다.

이 외에도 아래와 같은 특성 곡선을 통해 직류발전기별 특성을 정리하면 다음과 같다.

구분	조건	x축	y축	관찰 특성
무부하(포화) 특성	n일정, $I=0$	I_f	$V(=E)$	유기기전력 E, 자기여자
외부 특성	n일정, $R_f=0$	I	V	전압변동율
내부 특성	n일정, $R_f=0$	I	E	
부하(포화) 특성	n일정, I일정	I_f	V	단자전압 V
전기자 특성(계자조정)	n일정, V일정	I	I_f	

(1) 타여자 발전기의 특성

(가) 타여자 발전기의 무부하 특성

직류발전기의 유기 기전력 E[V]는

$$E = \frac{PZ\phi N}{a} = K\phi N,\ \text{여기서}\ K = \frac{PZ}{a} \tag{3-15}$$

이므로 회전 속도 n이 일정할 때 유기 기전력은 자속에 비례한다.

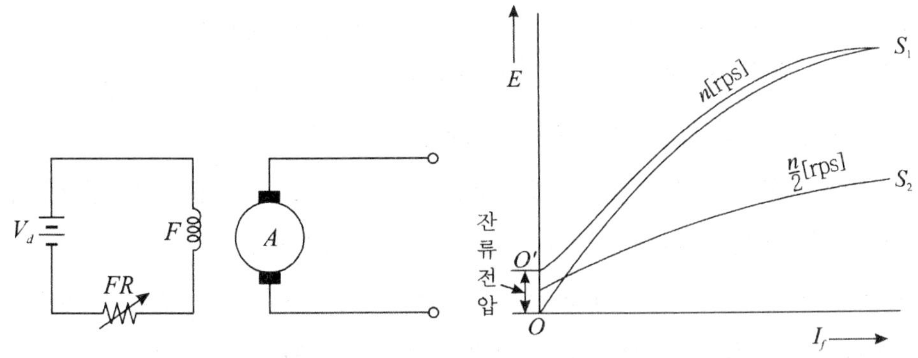

(a) 타여자 발전기의 회로도 (b) 타여자 발전기의 무부하 특성 곡선

그림 3-21 타여자 발전기의 회로도와 무부하 특성 곡선

계자 전류 I_f에 대한 유기기전력 E의 곡선을 그린 것이 타여자 발전기의 무부하 특성 곡선이 그림 3-21이다. I_f가 증가하면 자속 ϕ이 증가하고 여기에 KN

배 된 기전력 E가 증가한다. 그러나 그 증가의 정도는 철의 자기 포화 현상으로 I_f를 증가시켜도 ϕ의 증가율은 줄어든다. 이 그래프에서는 히스테리시스 곡선에 볼 수 있는 잔류자속밀도의 영향과 동일한 원리로 잔류전압을 확인할 수 있다.

기전력은 회전수에 비례하므로 회전수가 n에서 $n/2$으로 감소하면 기전력도 감소하여 무부하 특성 곡선은 OS_2가 된다.

(나) 타여자 발전기의 외부/부하 특성

그림 3-22 (a)와 같이 부하를 접속하여 전기자 권선에 전기자 전류, 즉 부하 전류가 흐르면 전기자 저항에서 발생하는 전압 강하 IR_a, 브러시의 접촉 저항에 의한 전압 강하 v_b, 전기자 반작용 때문에 자속이 감소하여 유기 기전력이 감소하는 감소분 v_a는 전압 강하로 볼 수 있으므로 타여자 발전기의 단자 전압은 다음과 같이 나타낼 수 있다.

$$V = E - I_a R_a - v_b - v_a \tag{3-16}$$

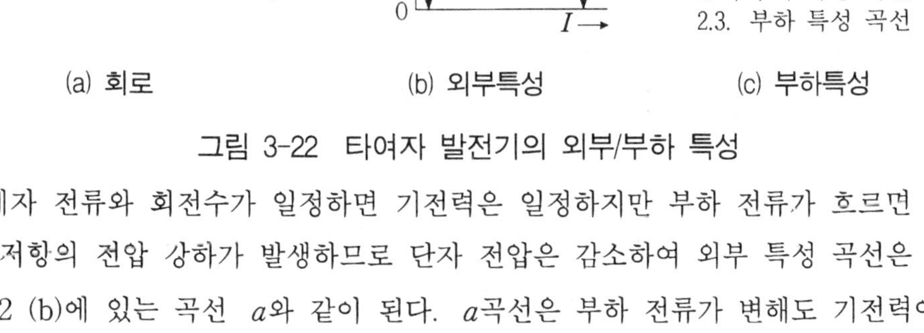

(a) 회로 (b) 외부특성 (c) 부하특성

그림 3-22 타여자 발전기의 외부/부하 특성

계자 전류와 회전수가 일정하면 기전력은 일정하지만 부하 전류가 흐르면 전기자 저항의 전압 강하가 발생하므로 단자 전압은 감소하여 외부 특성 곡선은 그림 3-22 (b)에 있는 곡선 a와 같이 된다. a곡선은 부하 전류가 변해도 기전력이 변하지 않는다고 생각한 경우로 전기자 반작용으로 자속이 감소하는 것과 브러시의 접촉 저항을 고려하면(브러시 전압강하 v_b 혹은 e_b) 곡선 (b)와 같이 곡선은 밑으로 더 기울게 된다. 3-22 (c)에 있는 곡선은 이미 앞에서 살펴본 무부하 특성곡선으로 부하 전류가 흐르게 될 때, 전기자 저항의 전압강하와 브러쉬 접촉저항 등을 고려한 전압강하를 반영한 결과이다. 곡선 2, 3이 부하시의 특성곡선을 나타낸다. 식 (3-16)과 그림 3-22 (b)에서의 v_b나 그림 3-22 (c)에서의 e_b는 전기자 반작용에 의한 전압강하분을 의미한다. 외부특성 곡선의 경우 전기자 전류의 크기에 따라 브러시 전압강하와 전기자 전압강하의 값은 변환하지만, 부하특성 곡선에서는 전기자 전류가 일정한 상황이기 때문에 브러시 전압강하와 전기자 전압강하의 값이 일정한 것을 알 수 있다.

(다) 타여자 발전기의 특징 및 용도 정리

다른 직류 자여자 발전기의 내용에서 '잔류자기'에 대해 언급할 예정이지만 타여자 발전기는 잔류자기가 없어도 발전이 가능하다. 또한 운전 중에 전기자가 회전방향을 바꿀 경우, 발전 전원의 극성(+, −)이 바뀌어 발전하게 된다.

타여자 발전기는 일정한 전압이 필요한 경우 시험기용 직류전원을 요구하는 경우의 발전기, 직류전동기의 속도조정을 위해 전원을 공급하는 발전기, 대형 직류기 또는 교류발전기의 주여자기의 용도로 사용된다.

(2) 분권발전기의 특성

(가) 분권발전기의 무부하 특성

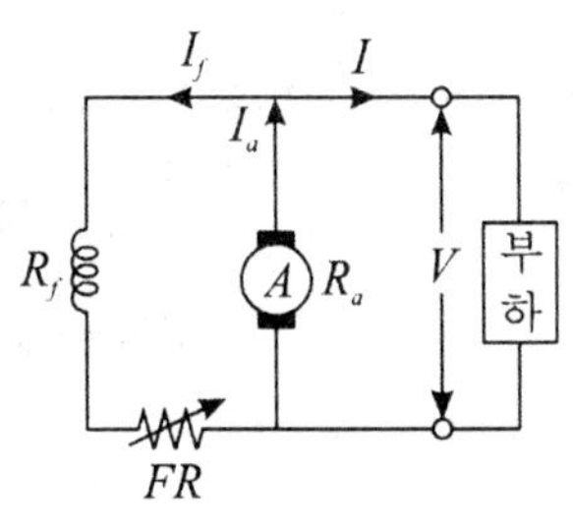

(a) 분권발전기의 회로도

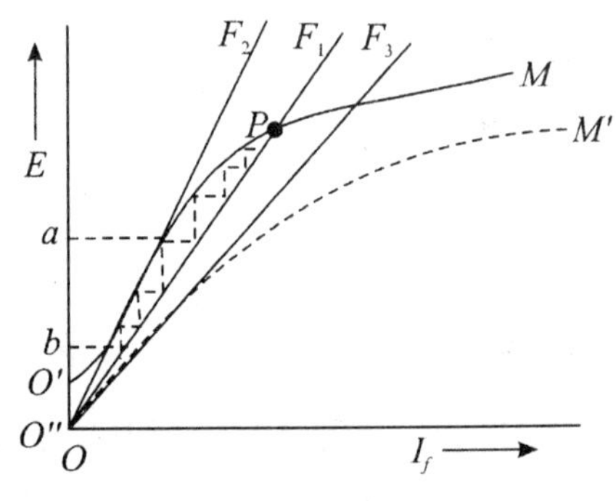

(b) 분권발전기의 무부하 특성 곡선

그림 3-23 분권발전기의 무부하 특성 곡선

분권발전기는 부하전류 I, 전기자전류 I_a, 계자전류 I_f가 다음과 같은 관계이다.

$$I_a = I + I_f \tag{3-17}$$

무부하일 때는 $I=0$, $I_f=I_a$가 되고, 계자권선의 저항 R_f, 이와 직렬로 연결된 계자 저항기의 저항을 R_r라 하면 단자전압은 다음과 같다.

$$I_f=\frac{V}{R_f+R_r} \tag{3-17}$$

타여자 발전기와 달리 계자 권선의 전원이 별도로 없는 자여자 발전기(여기에는 분권, 복권, 직권발전기의 형식이 포함된다)는 전기자 권선에서 발생한 기전력으로 계자 권선의 전원을 사용하므로 발전기가 아직 회전하기 전에 기전력이 발생하지 않은 상태, 즉 계자 전원이 공급되지 않을 때는 철심의 잔류 자속(residual magnetism)이 전기자 권선에 쇄교함으로써 아주 미약한 기전력이 전기자 권선에 발생하게 된다. 발생된 기전력이 계자 회로의 전원으로 작용하여 계자 전류가 흐르면 계자 권선에서 자속이 발생하기 시작한다. 발생된 자속이 잔류 자속의 방향과 같으면 두 자속은 합해져 전기자 권선에 전보다 큰 기전력이 발생하고 다시 계자 전류가 증가해 자속이 증가하므로 전기자 권선에는 더 큰 기전력이 발생한다. 이와 같은 과정이 반복되어 유기 기전력은 계속 상승하게 된다. 그림 3-23 (b)에서 점선은 이와 같은 과정을 표시한 것으로 유기 기전력이 P점에 도달하게 되는 것을 자여자 발전기에서 전압의 확립, 또는 자기여자(self excitation)라 한다. 만약, 운전중에 전기자 회전방향을 반대로 하면 반대방향의 기전력이 유기되어 계자전류가 반대로 흐르게 되고, 이 반대 방향의 전류가 잔류자기를 소멸시켜 발전이 불가능하여진다.

그림 3-23 (b)에서 곡선 $O'M$은 분권발전기의 무부하 특성 곡선으로 계자 저항선 $\overline{OF_1}$와 만나는 P점에서 전압은 안정된다.

$\overline{OF_2}$는 원점 O에서 무부하 특성 곡선에 접하는 계자 저항선으로 기전력은 $\overline{Oa}$에서 $\overline{Ob}$ 사이에 있는 임의의 전압을 발생하므로 안정된 전압을 얻을 수 없는 이 계자 저항선을 **임계 저항선** 또는 저항선의 기울기는 저항이므로 **임계 저항**이라고도 한다. 계자 저항이 임계 저항보다 크면 $\overline{Oa}$보다 낮은 기전력을 발생하므로 필요한 안정된 전압을 얻으려면 계자 회로의 저항이 임계 저항보다 작아야 한다.

회전 속도가 변하면 무부하 특성 곡선도 그림의 $\overline{O''M'}$과 같이 변하므로 임계 저항선도 $\overline{OF_3}$로 변한다.

(나) 분권발전기의 외부/부하 특성

분권발전기의 외부 특성 곡선은 그림 3-24 (c)와 같이 된다. 부하전류와 단자전압의 관계를 나타낸 곡선으로서, 분권발전기의 계자저항과 회전속도를 일정하게 하여 정격전압이 발생하면 이에 전기적 부하를 연결하고 서서히 부하의 값을 증가시켰을 때의 단자전압의 변화를 나타낸 곡선이다. 이 경우의 전압 강하는 전기자저항에 의한 전압 강하, 계자 저항에 의한 전압 강하, 브러시의 접촉 저항에 의한 저항 강하, 전기자 반작용에 의한 전압 강하가 발생하고 단자 전압이 강하하면 분권이므로 계자 전류도 함께 감소하여 전압이 더욱 떨어지므로 타여자 발전기에 비해서 전압 강하는 크게 된다.

$$V = E - I_a R_a - v_b - v_a = E - (I_f + I) R_a - v_b - v_a \quad (3\text{-}19)$$

부하가 서서히 증가하면 부하 전류는 최대 부하지점 m까지 증가한 후 mn 곡선에 따라 점차 감소하여 $\overline{On}$이 된다. 이 전류는 부하가 서서히 증가하여 무한대가 된 상태, 즉 단락한 상태의 전류로 발전기의 단자를 갑자기 단락한 경우와는 다르다. 최대 부하 지점 m을 넘으면, 매우 불안정하게 되어 부하전류를 더 증가하려 할수록 급격히 전압이 강하하여 전류가 오히려 감소하게 된다.

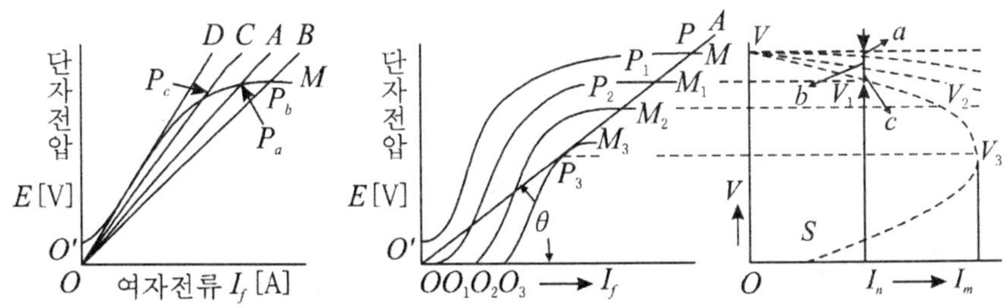

(a) 계자저항선 변화 (b) 부하특성 (c) 외부특성

그림 3-24 분권발전기의 부하/외부 특성 곡선

분권발전기의 부하 특성 곡선은 그림 3-24 (b)와 같이 된다. 직선으로 표시된 것이 계자 저항선이다. 이는 그림 3-24 (a)에서 보이는 $OA \sim OD$ 직선을 한가지로 표현한 것이다. 그림 3-24 (b)에서 $O'M$이 무부하 곡선이고, $O'M_1$이 전부하 포화곡선이라면, 계자저항선(직선)과의 교점은 P에서 P_1으로 옮겨진 것이다. 이렇게 부하가 증가할수록 부하특성곡선이 변화함에 따라 계자저항선과의 교점이 하

향 이동하면서 교점은 P_3까지 이르게 된다. 이 때부터는 부하의 요구가 있더라도 부하전류는 더 이상 증가하지 못한다. 이 점 P_3를 임계점(critical point)이라 부른다.

분권발전기는 잔류자기가 없이는 발전이 불가능할 뿐만 아니라, 운전 중 전기자 회전방향을 반대로 하면 계자전류의 흐름이 반대가 되어 잔류자기를 소멸함으로써 발전이 불가능하다. 분권발전기의 계자전류는 운전중에 부하전류와 함께 상당한 값을 가지므로 운전도중에 계자회로를 갑자기 off하면 계자 코일의 렌쯔작용에 의하여 고압이 유기되므로 절연파괴의 우려가 있다. 또한 운전중에 발전기 단자를 단락시키면 단락전류로 인하여 $(I_aR_a + v_a + v_b)$이 큰 값을 갖게 되고, 단자전압이 $V=E-(I_aR_a+v_a+v_b)$이 되어 작아진다. 단자전압(V) 감소 → 계자전류(I_f) 감소 → 자속(ϕ) 감소 → 유기기전력(E) 감소 → 단자전압(V) 감소로 종래에서 소전류가 흐르게 된다.

타여자 발전기와 같이 전압변동율이 작고, 자여자 방식을 사용하는 분권발전기는 다른 여자 전원이 필요하지 않다. 그러므로 급격한 전압변동이 있지 않은 분야(전기화학용 전원, 전지 충전용 전원, 동기기 여자용 등) 일반용도에 사용된다. 그리하여 타여자 발전기와 분권 발전기는 정전압 발전기라고 한다.

(3) 직권발전기의 특성

(가) 직권발전기의 무부하 특성

직권발전기는 무부하일 때 발전기의 회로가 개방 상태로 전기자 및 계자권선에 전류가 흐르지 않으므로 공극에는 잔류 자속만 존재하여 매우 낮은 기전력이 발생할 뿐 자기 여자에 의한 전압의 확립은 일어나지 않는다. 따라서 순수한 직권 발전기는 발전이 되지 않아 무부하 특성 곡선은 얻을 수 없고 계자 권선을 외부 전원에 접속하여 구할 수 있다. 즉 무부하시에는 자기여자로 전압을 확립할 수 없다. 이에 대한 것을 정리하면 다음과 같다.

① 무부하시 : $I=0$

② 직권발전기 : $I=I_f=0 \rightarrow \Phi=0$

③ 유기기전력 : $E=P\Phi n\dfrac{Z}{a} \rightarrow E=0$

만약 운전 중 전기자의 회전방향을 반대로 하면, 반대방향의 기전력이 발생하게 되고 이로 인하여 계자전류가 반대가 된다. 그러면 잔류자기는 소멸하여 발전이 불가능하여진다. 그림 3-25 (a)와 같이 계자 권선과 전기자 권선이 직렬로 접속되어 있으므로 계자 전류와 전기자 전류는 부하 전류와 같다.

(나) 직류발전기의 외부/부하 특성

직권발전기에 부하를 접속하면 계자 권선에 전류가 흘러서 계자에 자속이 발생한다. 발생한 자속의 방향이 잔류 자속과 같은 방향일 때 비로소 전압의 확립이 이루어져서 전류의 증가와 더불어 유기 기전력이 높아져 단자 전압도 높아진다.

직권발전기에서 전기자 저항, 단자 전압 및 유기 기전력의 관계는 다음과 같다.

$$V = E - (R_a + R_f)I - v_a - v_b \tag{3-20}$$

그림 3-25 (b)와 같이 횡축상의 임의의 점 I에서 그은 수직선과 $\overline{O'N}$ 및 $\overline{OF}$와의 교점을 각각 U및 Q라 하고, $\overline{IU}$상에 $\overline{TI} = \overline{UQ}$가 되는 점 T를 잡는다. I의 여러 값에 대하여 같은 작도를 해서 구한 점들을 이으면 외부 특성 곡선 $O'TS$가 얻어진다. 이것은 $\overline{TI} = \overline{UQ} = E - (R_a + R_f)I = R_L I$가 되기 때문이다.

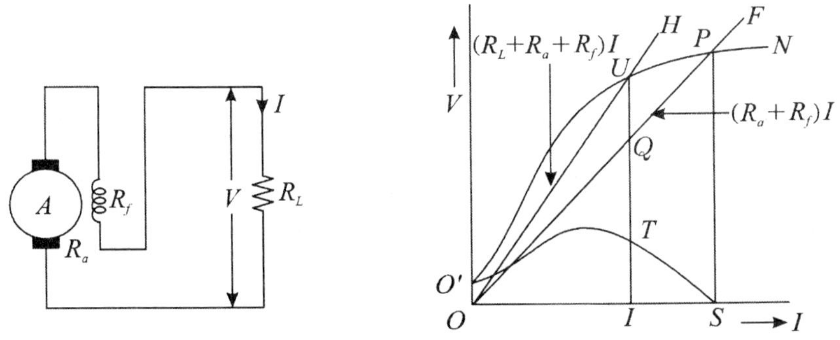

(a) 직권발전기의 회로도 (b) 직권발전기의 외부 특성 곡선

그림 3-25 직권발전기의 외부 특성 곡선

직권발전기의 외부 특성 곡선에서는 부하 전류가 증가함에 따라 단자 전압이 급격하게 변화하는 것을 알 수 있다.

이상과 같이 직권발전기는 부하 저항값이 정해지면 단자 전압과 부하 전류의 값도 정해진다. 그러나 계자 권선에 병렬로 저항을 접속해서 분로를 만들어 주면 계자 전류를 변화할 수 있어 단자 전압, 부하 전류를 변화시킬 수 있다.

직권발전기는 부하 전압의 변동이 심하여 널리 사용하는 예가 많지 않지만 부하 전류에 따라 비례하는 전압이 필요한 경우와 장거리 급전선에 직류발전기를 직렬로 접속하여 승압기(booster)로 사용하여 수전 전압을 일정하게 유지하는 경우에 사용한다.

(4) 복권발전기의 특성

분권발전기의 분권 계자 권선과 직권발전기의 직권 계자 권선이 있고, 두 계자 권선의 특성을 복합적으로 조화하여 그림 3-26과 같은 여러 가지 외부 특성 곡선을 갖고 있는 복권발전기를 얻을 수 있다.

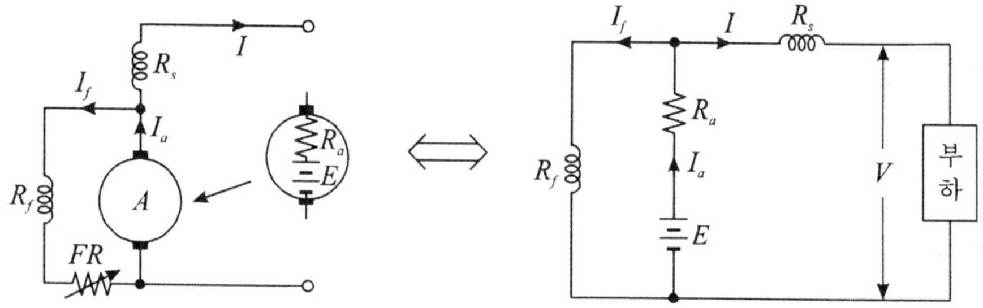

(a) 복권(내분권)

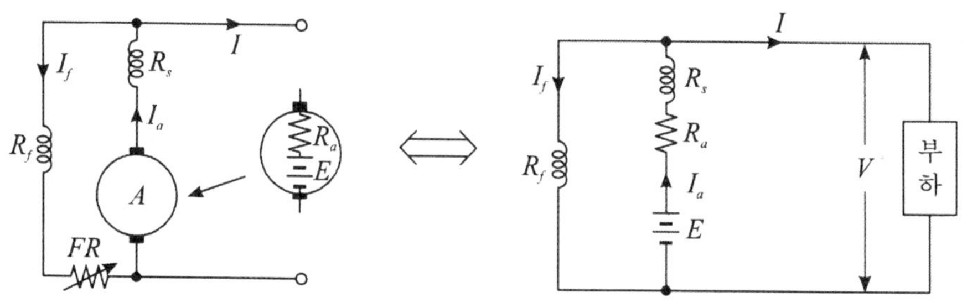

(b) 복권(외분권)

그림 3-26 복권발전기의 회로도

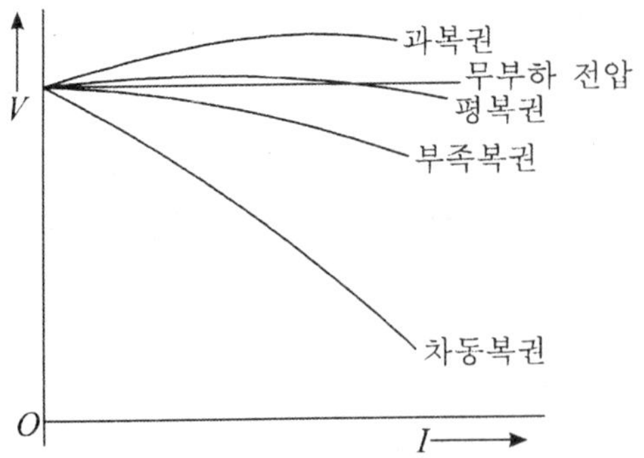

그림 3-27 복권발전기의 외부 특성

복권발전기의 단자전압과 전류에 대하여 알아보기로 하자. 우선 내분권/외분권 복권발전기의 부하전류, 전기자 전류, 단자전압을 정리하면 다음과 같다.

$$I = \frac{P}{V}\,[\mathrm{A}] \tag{3-21}$$

$$I_a = I_f + I\,[\mathrm{A}] \tag{3-22}$$

$$V = E - I_a R_a - IR_s - v_a - v_b = E - (I_f + I) R_a - IR_s - v_a - v_b\,[\mathrm{V}] \text{ (내분권)}$$

$$= E - (I_f + I)\, R_a - (I_f + I) R_s - v_a - v_b\,[\mathrm{V}] \text{ (외분권)} \tag{3-23}$$

분권발전기는 부하 전류가 증가하면서 단자 전압이 감소하지만 직권발전기는 이와 반대로 단자 전압이 상승한다. 복권발전기는 직권계자권선과 분권계자권선의 양 계자의 자속 방향이 같아 기자력이 더해지는 가동 복권 방식이 있다. 가동 복권에는 직권 계자와 분권 계자가 거의 같게 작용하여 부하의 증감에 관계없이 무부하 전압과 전부하 전압이 거의 같은 특성을 갖는 평복권, 직권 계자가 강하여 부하 전류의 증가에 따라 단자 전압이 무부하 전압보다 높은 값을 갖는 특성을 갖는 과복권, 분권 계자가 강하여 부하 전류의 증가에 따라 단자 전압이 무부하 전압보다 강하하는 특성을 갖는 부족 복권이 있다. 차동 복권은 분권 계자와 직권 계자가 역으로 작용한다. 부하 전류가 증가하면 직권 계자권선의 자속이 증가하고 그 결과로 전체 자속이 감소하여 유기기전력이 감소함과 동시에 저항강하가 증가하여 부하 전류가 증가함에 따라 단자 전압의 값이 심하게 감소하는 수하특성이 있다.

가동 복권은 정전압 전원으로서 평복권이 주로 사용되지만 발전기에서 부하까지의 거리가 멀고 그 사이에 저항 강하를 보상하는 경우는 과복권이 사용된다. 차동 복권은 정전류 전원, 예를 들면 직류 전기 용접기의 전원으로 사용한다.

(5) 전압 변동률

발전기를 정격 속도, 정격 전류에서 정격 전압이 되도록 계자 저항을 조정해 놓고 발전기를 무부하로 하면 단자 전압이 변화한다. 이 때의 정격 전압(V_n)을 기준으로 한 무부하 전압(V_0)과 정격 전압(V_n)의 차를 정격 전압의 백분률로 표시한 것을 **전압 변동률**이라 하며 전압 변동률 ε는 다음과 같이 나타낸다.

$$\varepsilon = \frac{V_0 - V_n}{V_n} \times 100[\%] \tag{3-24}$$

전압변동율	$\varepsilon > 0$	$V_0 > V_n$	타여자, 분권, 부족복권
전압변동율	$\varepsilon = 0$	$V_0 = V_n$	평복권
전압변동율	$\varepsilon < 0$	$V_0 < V_n$	직권, 과복권

(6) 병렬 운전

2대 이상의 직류발전기는 다음과 같은 경우에 병렬 운전한다.

① 한 대의 발전기로는 용량이 부족할 때

② 부하 변동의 폭이 클 경우에, 중부하일 때는 2대로 병렬 운전하고 경부하일 때는 한 대만을 운전한다.

③ 여러 대의 발전기를 병렬 운전할 때는 예비 발전기의 용량이 작아도 된다.

병렬운전의 조건은 다음과 같이 나열할 수 있다.

① 전압과 극성이 같을 것.

② 외부 특성 곡선이 어느 정도 수하특성일 것.

③ 용량이 같으면 각 발전기의 외부 특성 곡선이 같을 것.

④ 용량이 다를 경우, [%] 부하 전류로 나타낸 외부 특성 곡선이 거의 일치할 것.

(가) 분권발전기의 병렬 운전

직류발전기 2대를 병렬 운전하게 될 경우, 각 발전기의 계자 전류는 무시하고 유기 기전력 E_1, E_2, 전기자 저항 R_{a1}, R_{a2}, 부하 전류를 전기자 전류 I_1, I_2로 취급하기로 하자. 모선 전압을 V, 총 부하 전류를 I라 하면 이들 사이에는 다음과 같은 관계식이 성립한다.

$$\left.\begin{aligned} V &= E_1 - I_1 R_{a1} = E_2 - I_2 R_{a2} \\ I &= I_1 + I_2 \end{aligned}\right\} \tag{3-25}$$

① 유기 기전력(E_1, E_2)이 같으면 전류는 전기자 저항이 작은 발전기에 많이 흐르고, ② 전기자 저항(R_a)이 같으면 유기 기전력이 높은 발전기에 전류가 많이 흐른다. 또한 ③ 외부특성곡선이 같은 경우 부하전류는 용량에 비례한다.

병렬 운전하고 있는 2대의 발전기가 절반씩의 부하 분담을 하고 있을 때 한 쪽 발전기의 회전수를 올리든가 또는 계자 전류를 많이 흐르게 하여 기전력을 높이면 기전력을 높인 발전기의 전류는 증가하여 부하를 더 분담하게 되고 다른 발전기의 전류는 감소하여 부하 분담이 감소한다.

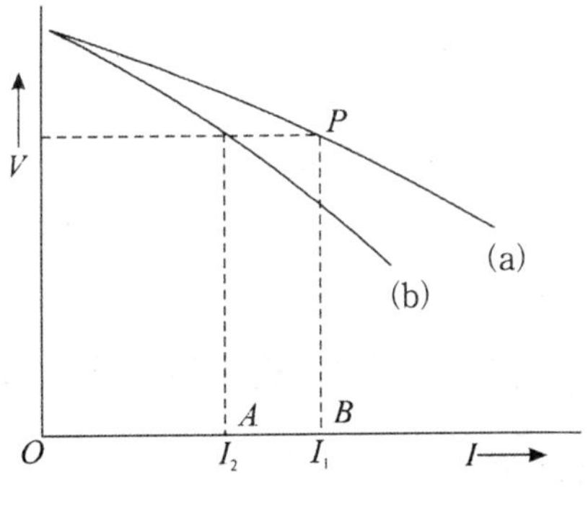

그림 3-28 직류발전기의 외부 특성 곡선

그림 3-28은 병렬 운전하고 있는 두 발전기의 외부 특성 곡선으로 두 발전기의 특성 곡선이 일치하여 곡선 (a)이면 두 발전기의 전류는 $I_1 = I_2 = \overline{OB}$가 되지만, 두 발전기의 전압 변동률이 다를 때, 즉 외부 특성 곡선이 일치하지 않고 하나는 곡선 (a), 다른 하나는 곡선 (b)와 같을 때에는 발전기의 전류는 각각 $I_1 = \overline{OB}$, $I_2 = \overline{OA}$로 전류가 같지 않게 된다. 즉, 전압 변동률이 같지 않으면 유기 기전력이 같아도 부하가 균등하게 각 발전기에 나누어지지 않는다.

(나) 직권발전기의 병렬 운전

직권발전기와 같이 부하가 증가하면 계자전류가 증가하게 되고 자속도 증가하게 되어 유기전압이 상승하게 된다. 이러한 외부 특성을 갖는 발전기를 병렬 운전하는 경우, 한 발전기의 전류가 약간 증가하면 전압도 상승하여 부하분담은 한쪽으로 더 쏠리게 되므로 안정된 병렬 운전을 할 수 없다.

따라서 직권발전기의 병렬 운전을 안정되게 하려면, 그림 3-29 (a)와 같이 양 발전기의 직권 계자를 균압 모선으로 접속하여 F_1과 F_2를 병렬로 하여 항상 여자 전류를 2등분하도록 하거나, 그림 (b)와 같이 계자 권선을 교차 접속으로 하여, 전류가 감소한 발전기의 계자에, 전류가 증가한 발전기의 전기자 전류가 흐르도록 한다.

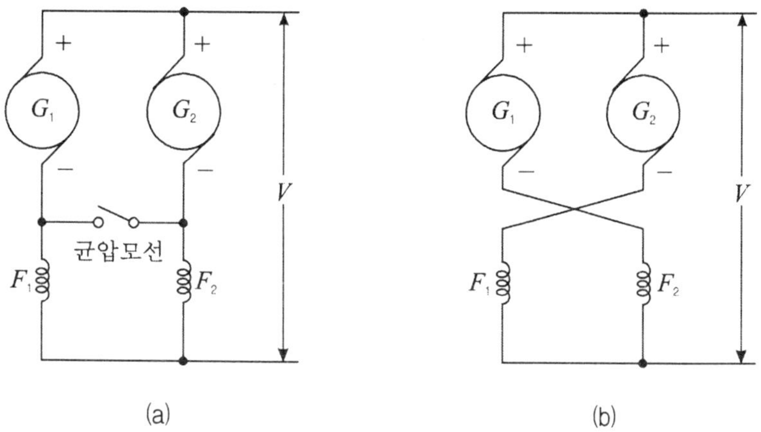

그림 3-29 직권발전기의 병렬 운전

(다) 복권발전기의 병렬 운전

부족복권과 차동복권의 경우, 외부특성곡선이 분권발전기와 같으므로 그대로 병렬 운전할 수 있다. 평복권과 과복권의 경우, 부하가 증가하면 전압이 상승하는 특성이 있으므로 안정된 병렬운전을 하기 위해서는 균압모선이 필요하다.

예제 3-13

타여자 발전기의 정격이 5[kW], 100[V], 50[A], 1800[rpm]일 때, 전기자 저항 0.2[Ω], 브러시의 전압 강하가 2[V]이면 무부하시 단자전압은?

풀이 무부하일 때의 단자전압 V_0는 유기 기전력 E와 같으므로

$$V_0 = E = V + I_a R_a + e_b = 100 + 50 \times 0.2 + 2 = 112[\mathrm{V}]$$

예제 3-14

분권발전기에서 부하 전류 100[A]를 부하에 공급할 때 단자 전압이 210[V]이었고, 전기자 저항이 0.05[Ω]였다면. 이 분권발전기의 유도 기전력은 얼마인가?

풀이 $V = E - I_a R_a$

$V = 210[\mathrm{V}],\ I_a = 100[\mathrm{A}],\ R_a = 0.05[\Omega]$

$E = V + I_a R_a = 210 + 100 \times 0.05 = 215[\mathrm{V}]$

예제 3-15

직류 분권발전기를 3상 유도전동기에 의해 구동하여 직류를 얻어 사용했었다. 유도기의 1차측 3선중 2선을 바꾸어 결선을 하고 운전하였다면 직류 분권발전기의 전압은?

풀이 유도전동기의 1차측 3선중 2선을 바꾸어 결선할 경우 유도전동기의 회전 방향은 반대방향이 되고, 유기 기전력의 방향이 반대로 된다. 그에 따라 계자전류의 방향도 바꾸어 잔류자기를 소멸시키게 되어, 결국에는 유기 기전력이 발생하지 못한다.

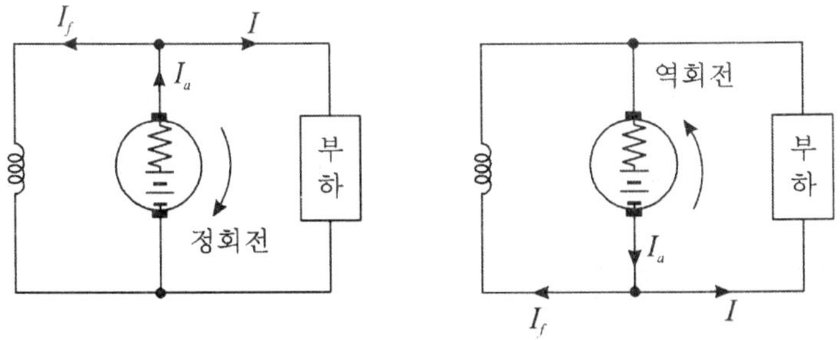

예제 3-16

정격 출력 80[kW]인 분권발전기의 무부하 전압이 212[V], 정격 전압은 200[V]이다. 계자 저항의 값은 20[Ω], 전부하 때의 전기자 반작용 전압 강하가 3.8[V]라면 그 전기자 회로의 저항[Ω]은?

풀이 전기자 전류는 $I_a = I + I_f = \frac{80\times10^3}{200} + \frac{200}{20} = 410[A]$이고,

$E = V + I_aR_a + e_a$일 때,

$I_aR_a = E - V - e_a = 212 - 200 - 3.8 = 8.2[V]$

$\therefore\ R_a = \frac{8.2}{I_a} = \frac{8.2}{410} = 0.02[\Omega]$

▌예제 3-17▐

직류 분권발전기의 무부하 포화 곡선이 $V = \frac{940}{33 + i_f} i_f$로 표시되고 계자 권선의 저항이 20[Ω]이라고 하면 정상 전압은 얼마인가?

풀이 $V = \frac{940}{33 + i_f} i_f,\ \ V = R_fI_f = 20I_f$

$660I_f + 20I_f^2 = 940I_f$

$660 + 20I_f = 940$

$V = 20I_f = 280[V]$

▌예제 3-18▐

정격출력 10[kW]인 직류 직권발전기가 정격전압 100[V], 정격 회전수 1500[rpm]일 때, 회전수를 1200[rpm]으로 내리고 전과 같은 부하 전류를 흘렸다면, 단자 전압은 얼마인가? 단, 전기자 저항과 계자 저항의 합은 0.05[Ω]이다.

풀이 정격전류 $I = 10000/100 = 100[A]$

유기 기전력 $E = 100 + 0.05\times100 = 105[V]$

기전력은 회전수에 비례하므로 $E \propto N$에서 회전수가 1200[rpm]일 때의 유기 기전력

E'는 $E' = \frac{N'}{N}\times E = \frac{1200}{1500}\times105 = 84$로 단자 전압은

$V' = E' - I_aR_a = 84 - 100\times0.05 = 79[V]$이다.

▌예제 3-19 ▌

무부하에서 자기 여자로서 전압을 확립하지 못하는 직류발전기는?

풀이 직권발전기에서 $I_a = I_f = I$이므로, 무부하상태($I=0$)에서는 계자전류가 0이 되고, 자속도 0이 된다. 결국 자속이 없으므로 유기기전력의 값은 0[V]가 된다. 즉 요약하면 직권발전기는 무부하에서는 자기여자로 전압확립을 못한다.

▌예제 3-20 ▌

단자 전압이 100[V]일 때, 부하 전류가 50[A]인 직류 직권발전기의 부하 전류가 70[A]로 증가하면 단자 전압은 몇 [V]로 변하겠는가? 단, 전기자 저항 및 직권 계자 권선의 저항은 각각 0.10[Ω]이고, 전기자 반작용과 브러시의 접촉 저항 및 자기 포화는 모두 무시한다.

풀이 직권발전기의 유기기전력의 수식은 다음과 같다.

$$E = V + (R_a + R_s)I_a = V + (R_a + R_s)I$$

부하전류가 50[A]일 때의 유기기전력(E_{50})을 구하면

$E_{50} = 100 + (0.10 + 0.10) \times 50 = 110$[V]이다. 만약 직권발전기가 아직 포화되지 않은 상태에서 유기기전력의 크기는 부하전류에 비례하므로 부하전류가 70[A]일 때의 유기기전력(E_{70})은 아래의 비례식으로 구할 수 있다.

$$\frac{E_{70}}{E_{50}} = \frac{70}{50} = 1.4$$

$$\therefore E_{70} = 1.4 \times E_{50} = 1.4 \times 110 = 154[V]$$

이를 이용하여 단자전압(V_{70})을 구하면 아래와 같다.

$$\therefore V_{70} = E_{70} - (R_a + R_s) \times 70 = 154 - 0.20 \times 70 = 140[V]$$

▌예제 3-21 ▌

외분권 가동 복권발전기의 전기자 저항이 0.09[Ω], 직권 권선의 저항이 0.03[Ω], 분권 권선의 저항이 200[Ω]인 경우, 부하 전류 50[A], 단자 전압 400[V]라면 유기 기전력은 몇 [V]인가?

풀이 직권발전기의 유기기전력의 수식은 다음과 같다.

$$I_f = \frac{V}{R_f} = \frac{400}{200} = 2[A]$$

$I_a = I_f + I = 2 + 50 = 52[A]$

$\therefore\ E = V + I_a(R_a + R_s) = 400 + (0.09 + 0.03) \times 52 = 406.24[V]$

▌예제 3-22▐

차동 복권발전기를 분권기로 하려면 어떻게 하여야 하는가?

풀이 복권발전기를 분권발전기로 운전 하려면, 직권 계자 권선을 단락시킨다.

▌예제 3-23▐

가동 복권발전기의 내부 결선을 바꾸어 직권발전기로 사용하려면 어떻게 하여야 하는가?

풀이 복권발전기를 직권발전기로 운전 하려면, 분권 계자 권선을 개방시킨다.

▌예제 3-24▐

무부하에서 103[V]되는 분권발전기의 전압 변동률이 3[%]이다. 정격 전압은 얼마인가?

풀이 전압 변동률 $\varepsilon = \dfrac{V_0 - V_n}{V_n} \times 100$에서 $V_0 = 103[V]$, $\varepsilon = 3[\%]$를 대입하면

$$3 = \frac{103 - V_n}{V_n} \times 100$$

$V_n(1 + 0.03) = 103 \quad \therefore\ V_n = 100[V]$

▌예제 3-25▐

200[kW], 200[V]의 직류 분권발전기가 있다. 전기자 권선의 저항이 0.025 [Ω]일 때 전압 변동률은 몇 [%]인가?

풀이 부하전류 $I = \dfrac{P}{V} = \dfrac{200 \times 10^3}{200} = 1000[A]$이고,

$I_a = I + I_f$인 관계에서 계자 전류를 무시하면 $I_a = I = 1000[A]$이므로,

무부하 단자전압(V_0)은

$V_0 = V_n + R_a I_a = 200 + 0.025 \times 1000 = 225[V]$이다.

전압변동율(ε)은 아래와 같다.

$$\varepsilon = \frac{V_0 - V_n}{V_n} \times 100 = \frac{225 - 200}{200} \times 100 = 12.5[\%]$$

예제 3-26

2대의 발전기가 병렬 운전을 하여 360[A]의 부하에 전력을 공급하고 있다. 두 발전기의 유기 기전력과 단자 전압이 같고 전기자 저항은 각각 0.04[Ω], 0.02[Ω]일 때 각 발전기의 분담 전류는 얼마인가?

풀이 $I_1 + I_2 = 360$

$E - I_1 \times 0.04 = V$

$E - I_2 \times 0.02 = V$

$I_2 = \dfrac{0.04}{0.02} I_1 = 2I_1$

$I_1 + 2I_1 = 360 \quad \therefore I_1 = 120[\text{A}],\ I_2 = 240[\text{A}]$

예제 3-27

종축에 단자 전압, 횡축에 정격 전류의 [%]로 눈금을 적은 외부 특성 곡선이 겹쳐지는 두 대의 분권발전기가 있다. 각각의 정격이 100[kW]와 200[kW]이고, 부하전류가 150[A]일 때 각 발전기의 분담 전류[A]는?

풀이 두 발전기는 외부 특성 곡선이 같으므로 용량에 비례하는 부하를 분담한다.

100[kW] 발전기의 전류(I_{100})와 200[kW] 발전기의 전류(I_{200})의 비례식을 세우면,

$100 : 200 = I_{100} : (150 - I_{100})$이 되고,

$\therefore I_{100} = 150 \times \dfrac{1}{3} = 50[\text{A}],\ I_{200} = 150 - 50 = 100[\text{A}]$

예제 3-28

A, B 두 대의 직류발전기를 병렬 운전하여 부하에 100[A]를 공급하고 있다. A 발전기의 유기 기전력과 내부 저항은 110[V], 0.04[Ω]이고 B 발전기의 유기 기전력과 내부 저항은 112[V]와 0.06[Ω]이다. 이 때 A 발전기에 흐르는 전류[A]는?

풀이 $V_E = E_A - I_A R_A = E_B - I_B R_B$

$110 - 0.04I_A = 112 - 0.06I_B \rightarrow -0.04I_A + 0.06I_B = 2$

$I_A + I_B = 100$

위의 두 식을 연립하여 계산하면, $I_A = 40[\text{A}]$, $I_B = 60[\text{A}]$가 된다.

예제 3-29

직류발전기의 병렬 운전에서 계자 전류를 감소시키면 부하 분담은?

풀이 계자전류를 감소시키면 유기기전력(E)이 감소하게 된다. 따라서, 직류발전기의 병렬 운전 조건인 단자전압(V)이 같게 유지되려면, $E - I_a R_a = V$이므로 E가 감소하면 전류도 줄어들어야 하므로 부하분담이 줄어들게 된다.

예제 3-30

직류 분권발전기를 병렬로 운전하기 위해서는 발전기 용량과 정격 전압이 어떻게 되어야 하는가?

풀이 직류발전기를 병렬로 운전할 경우, 용량은 다른 값을 가지더라도 정격전압은 동일하여야 한다.

예제 3-31

병렬 운전하고 있는 두 개의 직류 분권발전기가 있다. 각각의 전기자 저항은 0.1 및 0.05[Ω], 계자 저항은 20 및 40[Ω], 유기 기전력은 216 및 211.2[V]일 때, 단자 전압은 200[V]이다. 합성 부하 전력[kW]은?

풀이 $I_{f1} = \dfrac{V}{R_{f1}} = \dfrac{200}{20} = 10[A]$, $I_{f2} = \dfrac{V}{R_{f1}} = \dfrac{200}{40} = 5[A]$

$$V = E_1 - r_{a1} I_{a1} = E_1 - r_{a1}(I_1 + I_{f1}) = 216 - 0.1(I_1 + 10) = 200[V]$$

$V = E_2 - r_{a2} I_{a2} = E_2 - r_{a2}(I_2 + I_{f2}) = 211.2 - 0.05(I_2 + 5) = 200[V]$로

발전기의 단자전압은 200[V]로 같아야 한다. 이를 이용하여 계산하면,

$I_1 = 150[A]$, $I_2 = 219[A]$이므로, 합성 부하전류는 369[A]이다.

그러므로, 합성 부하전력은

$P = VI = 200 \times 369 = 73800[W] = 73.8[kW]$이다.

예제 3-32

직류 과복권 발전기를 병렬 운전할 때 반드시 필요한 것은?

풀이 과복권 발전기는 직권 계자 권선이 있으므로 균압선이 없이는 안정되게 병렬 운전을 할 수 없다.

3.4 직류전동기의 원리 및 특성 (Performance of DC Motor)

3.4.1 직류전동기의 원리(회전력 및 역기전력)

직류전동기는 직류 전력을 공급받아 기계적인 동력으로 변환시키는 장치이며, 구조는 직류발전기와 같다. 아래의 그림 3-30은 직류발전기의 원리를 설명하는 그림이다. 그림 3-30 (a)의 그림을 직류전동기로 바꾸려면 어떻게 바꾸면 될까? 우선 전동기이므로 직류전원을 공급받아야 하므로 저항 R을 직류전원으로 바꿔야 한다(그림에서의 전류방향을 그대로 이용해 보자). 또한 전동기의 경우 플레밍의 왼손법칙을 사용해야 하므로 이를 적용해보면 회전방향은 직류발전기와 반대방향이 되어야 함을 알 수 있다.

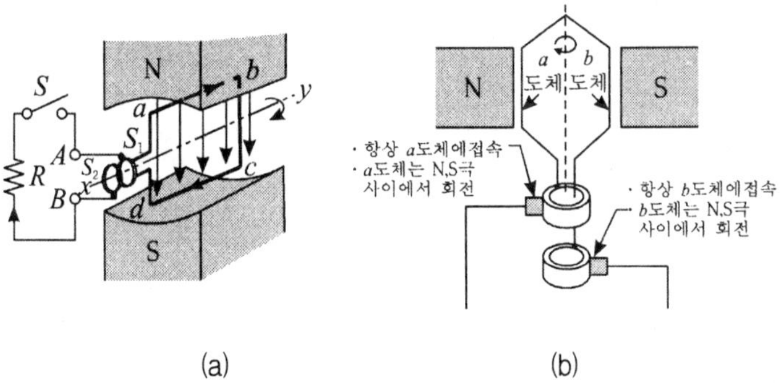

그림 3-30 직류발전기의 원리 → 직류전동기 원리

자속밀도 $B[\mathrm{Wb/m^2}]$인 평등 자계 안에 있는 길이 $l[\mathrm{m}]$의 전기자 도체에 전류 $i[\mathrm{A}]$가 흐르면 이 도체에는 식 (3-26)의 힘이 작용한다.

$$F = Bil[\mathrm{N}] \tag{3-26}$$

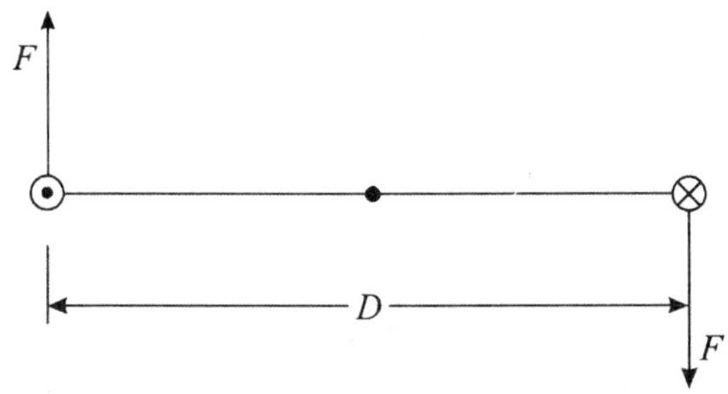

그림 3-31 전기자 권선에 작용하는 짝힘

전기자 직경이 D[m]일 때, 두 개의 도체가 한 몸이므로 이 하나의 권선에 작용하는 짝힘을 회전력 τ라 하고, 이를 수식으로 표현하면 아래와 같다.

$$\tau = F \times D = Bil \times D [\mathrm{N \cdot m}] \tag{3-27}$$

전동기의 전기자는 하나의 권선이 아닌, 다수의 권선으로 이루어져 있으므로, 이를 감안하면, 전동기에서 발생하는 회전력 T는 아래의 식으로 정리할 수 있다.

$$T = \frac{Z}{2}\tau = \frac{Z}{2}BilD = \frac{Z}{2} \cdot \left(\frac{P\phi}{\pi Dl}\right) \cdot \left(\frac{I_a}{a}\right) \cdot l \cdot D$$

$$= \left(\frac{PZ}{2\pi a}\right)\phi I_a = K\phi I_a \ [\mathrm{N \cdot m}] \tag{3-28}$$

$$= \frac{1}{9.8}K\phi I_a [\mathrm{kg \cdot m}] \tag{3-29}$$

Z : 전동기의 전기자 총 도체수

P : 극수

ϕ : 한 극의 자속[Wb]

I_a : 전기자 전류[A]

a : 전기자 병렬 회로수

이 회전력으로 전동기는 회전하여 회전력과 전동기 축에 가해진 기계적 부하가 평형을 이루는 회전수 N[rpm]으로 회전한다. 전동기가 회전하는 중에 발생하는 전압은 회전하기 위하여 공급받는 전원전압과 반대 방향이므로 **역기전력**이라 한다. 전동기의 역기전력 E_c[V]는 다음과 같이 발전기의 기전력식과 같다.

$$E_c = P\phi n \frac{Z}{a} [\text{V}] \tag{3-30}$$

전동기의 회전력이 정속에 안정되려면, 전동기의 회전력과 부하의 요구 회전력이 같아져야 한다.

① 가속 : 전동기의 회전력 > 부하의 요구 회전력

② → 가속에 의한 역기전력 증가 → 전동기의 부하 전류가 감소 →

③ 정속 : 전동기의 회전력 = 부하의 요구 회전력

즉 전동기는 부하를 회전하는데 필요한 전류가 흐를 수 있도록 역기전력을 발생하는 속도로 회전한다. 따라서 전동기는 다음의 전압 방정식을 만족하는 속도로 회전한다.

$$V = E_c + I_a R_a \tag{3-31}$$

전기자 전류 I_a는

$$I_a = \frac{V - E_c}{R_a} \tag{3-32}$$

으로 이 전기자 전류와 자속으로 발생하는 회전력 $T = K\phi I_a$은 부하의 회전력과 평형을 이룬다.

전동기의 부하가 증가하여 회전수가 감소하면 역기전력도 감소하게 되어 식 (3-32)에서 I_a가 증가하여 전동기의 입력은 자동적으로 증가하여 부하의 증가에 대응하게 된다. 다시 말해, 기계적 부하의 증가에 따라 자동적으로 전기적 입력이 증가한다.

식 (3-30)를 식 (3-31)에 대입하여 n에 대하여 정리하면

$$n = \frac{a}{PZ} \cdot \frac{E_c}{\phi} = \frac{a}{PZ} \cdot \frac{(V - I_a R_a)}{\phi} = K \frac{(V - I_a R_a)}{\phi} [\text{rps}], \quad K = \frac{a}{PZ} \tag{3-33}$$

으로 전동기의 회전수는 $(V - I_a R_a)$에 비례하고, ϕ에 반비례한다는 것을 알 수 있다.

속도 변동의 정도를 나타내는데는 속도 변동률이 사용된다. 정격 전압, 정격 부하에서 정격 속도 N_n가 되도록 계자 저항 조정기를 조정한 상태에서 무부하로

하였을 때의 속도를 N_o라 할 때 속도 변동률은 다음과 같이 나타낸다.

$$\text{속도 변동률} = \frac{N_o - N_n}{N_n} \times 100[\%] \tag{3-34}$$

식 (3-31)의 양변에 I_a를 곱하면 VI_a는 전기자의 입력이고 $I_a{}^2R_a$는 전기자 회로의 저항손이므로 E_cI_a가 전기자의 출력이 된다.

$$VI_a = E_cI_a + I_a{}^2R_a \tag{3-35}$$

토크 T[N · m]는 식 (3-28)에 식 (3-30)를 대입하여 나타낼 수 있다.

$$T = \frac{E_cI_a}{2\pi n}[\text{N} \cdot \text{m}] \tag{3-36}$$

따라서 전기자의 출력 P_a는 아래의 식과 같이 나타낼 수 있다.

$$P_a = E_cI_a = 2\pi nT\,[\text{W}] \tag{3-37}$$

전동기의 손실에는 전기자 동손 이외에 철손 P_i 및 기계손 P_m등이 있기 때문에 전동기의 출력 P_0은 다음과 같이 나타낼 수 있다.

$$P_0 = \text{전기자 출력} - (\text{철손} + \text{기계손}) = P_a - P_i - P_m \tag{3-38}$$

3.4.2 직류전동기의 특성

직류전동기의 운전시에 부하가 변한다면 전동기의 특성이 어떻게 변할까? 이 점은 전동기를 이용함에 있어 매우 중요한 정보이다. 다음 두 가지 특성은 직류 전동기의 여러 특성 중에서 가장 중요하다.

① 속도 특성 : 단자 전압과 계자 전류가 일정할 때 부하 전류 I와 회전수 N의 관계를 속도 특성이라 한다.

② 회전력 특성 : 단자 전압과 계자 전류가 일정할 때 부하 전류 I와 회전력 T의 관계를 회전력 특성이라 한다.

(1) 타여자 직류전동기

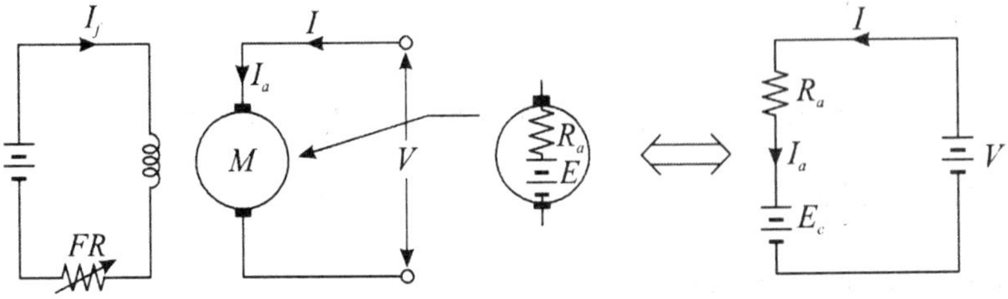

그림 3-32 타여자 직류전동기의 회로

타여자 직류전동기의 특성은 앞의 직류전동기의 일반 특성식에서 표현한 것과 유사하다. 토크와 역기전력, 속도와 출력의 수식을 참고하자. 또한 타여자 직류전동기는 분권전동기의 특성과 거의 비슷하고 전원 전압의 변화로 정회전과 역회전 두 방향으로 광범위하게 세밀한 속도를 변화할 수 있으므로 대형 압연기, 고급 엘리베이터, 일그너 방식이나 워어드 레오너드 방식의 주 전동기로 사용한다.

(2) 분권전동기의 특성

분권전동기는 아래의 그림과 같이 전기자 권선과 계자 권선이 병렬로 접속되어 전원에 연결된다.

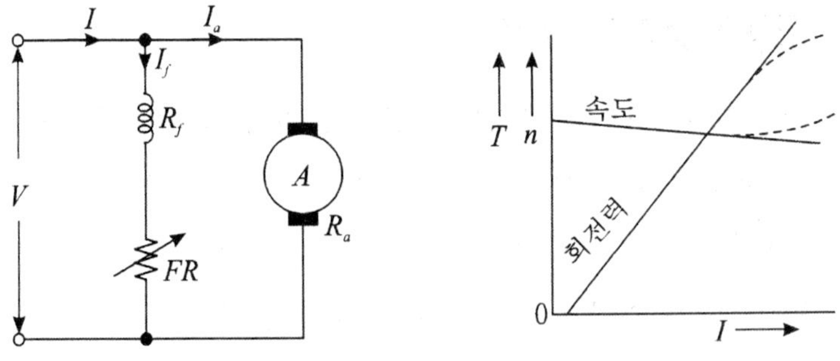

(a) (b)

그림 3-33 분권전동기의 회로도와 특성

그림 3-33 (a)에서 계자 전류는 $I_f = V/R_f$[A]으로 단자 전압이 일정하면 부하에 관계없이 일정하므로 전기자 반작용을 무시하면 자속 ϕ도 일정하며 부하 전류

$I = I_f + I_a$으로 I_f는 정격 전류에 비하여 매우 적어 $I \fallingdotseq I_a$이 된다.

직류전동기의 속도는 식 (3-33)에서 $I_a \fallingdotseq I$라 하면

$$n = K\frac{(V - I_a R_a)}{\phi} \fallingdotseq K\frac{(V - IR_a)}{\phi}\,[\text{rps}] \tag{3-39}$$

이 된다. 계자 회로가 단선이 되면, 자속 ϕ이 0이 되어 경부하시에는 속도는 원심력에 의해 폭주하게 되고 기계가 파괴될 정도로 과속에 이를 수 있으므로 주의가 필요하다. 그러므로 계자회로를 접속할 때 단선이 생기지 않도록 한다. 또한 위의 식에서 R_f를 일정하게 하면 I_f와 ϕ도 일정하므로 $K/\phi = K'$라 놓으면

$$n = K'(V - IR_a)\,[\text{rps}]$$

이 된다. 따라서 단자 전압과 전기자 저항이 일정한 경우, 전동기의 속도는 그림 3-33의 (b)와 같이 전류가 증가하면 직선적으로 감소한다.

전기자 반작용으로 전기자 전류가 증가하면 자속이 감소하므로 식 (3-39)의 분모가 감소하여 속도는 특성 곡선의 점선과 같이 다소 증가하게 된다.

이와 같이 계자 회로의 고장으로부터 위험을 방지하기 위하여 축 끝에 일정 속도 이상에서 동작하는 원심 개폐기를 붙이거나 전기자 전류로 동작하는 과전류 계전기를 동작시켜서 주 회로를 차단시킨다.

식 (3-28)인 $T = K\phi I_a\,[\text{N}\cdot\text{m}]$에서 ϕ가 일정하므로 $K\phi = K''$로 하면

$$T = K'' I_a \fallingdotseq K'' I \tag{3-40}$$

가 되어 회전력 특성 곡선은 그림 3-33 (b)와 같은 직선이 되지만 전기자 반작용으로, 전기자 전류가 증가하면 주자속 ϕ가 감소하므로 회전력 특성 곡선은 점선과 같이 밑으로 구부러진다.

분권전동기의 회전수는 부하가 증가하면 얼마만큼은 줄지만 대체로 일정하다고 볼 수 있으므로 정속도 전동기라 말할 수 있고 계자 저항 조정기로 속도를 제어할 수 있다. 공작 기계, 펌프 등에 적당하나 같은 특성의 3상 유도전동기가 있어 별로 사용되지 않는다.

(3) 직권전동기의 특성

아래의 그림과 같이 직권전동기는 계자 권선과 전기자 권선이 직렬로 공급 전원에 접속되므로 전류는 전기자전류 계자전류, 부하전류가 모두 같다($I_f = I_a = I$). 그러므로 부하 전류 I의 증감에 따라서 자속 ϕ도 증감한다.

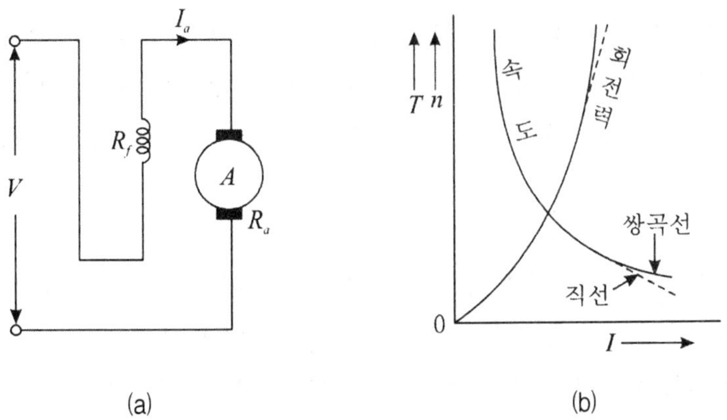

그림 3-34 직권전동기의 회로도 및 특성

단자전압과 역기전력의 관계를 식으로 나타내면 아래와 같다. 계자 권선의 저항을 R_f라 하면

$$V = E_c + (R_a + R_f)I[\mathrm{V}]$$

이고, 이를 E_c에 관해 정리하면 아래와 같다.

$$E_c = V - (R_a + R_f)I[\mathrm{V}]$$

회전속도 n은 $E_c = P\phi n \frac{Z}{a}[\mathrm{rps}]$이므로,

$$n = K\frac{V-(R_a + R_f)I}{\phi}[\mathrm{rps}](\text{단, } K = \frac{a}{PZ}) \tag{3-41}$$

부하전류가 적어 자기 회로가 포화되지 않은 경우, ϕ는 I_a에 비례하므로 자속은 $\phi \fallingdotseq kI_a = kI$으로 위의 식에 대입하면 다음과 같이 된다.

$$n \fallingdotseq K\frac{V-(R_a + R_f)I}{kI} = K_1\frac{V-(R_a + R_f)I}{I}$$

$$= \frac{K_1 V}{I} - K_1(R_a + R_f) \qquad (3\text{-}42)$$

여기서, $K_1 = K/k$ 이다.

위의 식은 단자 전압이 일정하면 다음과 같이 고칠 수 있다.

$$n = \frac{K_2}{I}, (\text{여기서 } K_2 = K_1 V) \qquad (3\text{-}43)$$

그림 3-34 (b)에서 쌍곡선인 식 (3-42)의 첫째 항에서 일정한 값인 둘째 항을 빼더라도 그 결과는 그림 3-34와 같이 종축과 횡축을 점근선으로 하는 쌍곡선인 속도 특성 곡선이 된다. 이는 식 (3-42)의 둘째 항이 첫째 항보다 무시할 만큼 작기 때문이다. 따라서 직권전동기에서 무부하가 되어($I_f = I_a = I = 0$, $\phi = 0$) 식 (3-43)과 같이 되면, 속도는 무한대가 되어 원심력 때문에 기계를 파괴할 염려가 있다. 이와 같이 위험한 속도를 무구속 속도(run away speed)라고 한다. 따라서 직권 전동기는 무부하 운전이 되는 것을 방지하기 위하여 벨트 운전 또는 부하와 직결하거나 기어를 사용한다.

하지만 부하가 증가하여 계자 기자력이 증가하고 자기 회로가 포화하면 자속 ϕ 가 일정하게 되어 식 $n = K\frac{V - (R_a + R_f)I}{\phi}$ 은 다음과 같이 된다.

$$n \fallingdotseq K'\{V - I(R_a + R_f)\}, \text{ 여기서 } K' = \frac{K}{\phi} \qquad (3\text{-}44)$$

따라서 속도 특성 곡선은 점선과 같이 직선이 된다.

직권전동기는 무부하에 가까워지면 무구속 속도에 도달하여 원심력으로 파괴될 우려가 있으므로 직권전동기로 다른 기계를 운전할 때는 반드시 직결하거나 치차를 사용한다.

부하전류가 적어 자기 회로가 포화되기 전까지는 자속은 계자 전류에 비례하므로($I_f \propto \phi$) 회전력 식 (3-28)에 $\phi \fallingdotseq kI_f = kI$ 를 대입하면

$$T = K\phi I = KkI^2 = K_3 I^2 [\text{N} \cdot \text{m}], \text{ 여기서 } K_3 = Kk \qquad (3\text{-}45)$$

으로 회전력 특성 곡선은 그림 3-34 (b)에서 실선으로 표시한 것과 같은 포물선이 되고 다음과 같은 관계가 성립된다.

$$T \propto I^2 \propto \frac{1}{n^2}$$

그러나 부하 전류가 증가하여 자기 회로가 포화하면 ϕ는 증가하지 못하고 거의 일정하게 되어 회전력은

$$T = K\phi I = K''I, \quad K'' = K\phi \qquad (3\text{-}46)$$

이 되어 그림 3-34 (b)에서 점선 부분과 같이 I에 비례하는 직선이 된다.

직권전동기는 회전력이 증가하면 속도가 낮아지므로 회전수와 회전력의 곱에 비례하는 출력도 어떤 범위 안에서는 일정하며 회전력은 전류의 자승에 비례하므로 기동시킬 때 전류를 안전한 값으로 제한하면 충분히 큰 회전력을 발생시킬 수 있어 전철이나 기중기에 사용한다.

이 밖에도 직류 직권전동기는 교류를 인가하여 사용할 수 있다. 직권전동기는 전기자와 계자의 권선이 직렬이므로 전원 전압의 극성이 바뀔 때, 전기자 전류와 계자 전류의 방향이 함께 바뀌므로 토크의 회전방향은 바뀌지 않고, 직류 직권전동기를 교류용에 사용할 수 있게 되는 것이다. 하지만, 철손이 크고, 효율이 나쁘며, 역율도 좋지 않고, 정류가 불량하다는 단점이 있다.

(4) 복권전동기의 특성

가동 복권전동기는 분권 계자와 직권 계자를 갖고 있어 직권 계자와 분권 계자의 기자력 비율에 따라 분권에 가까운 특성이 되기도 하고, 직권에 가까운 특성이 되기도 하여 속도 특성과 회전력 특성은 그림 3-35와 같이 된다.

가동 복권전동기는 분권 계자가 있으므로 부하가 없어도 계자 권선에 의한 자속이 존재하므로 직권전동기와 같이 위험한 무구속 속도로 될 우려가 없고, 또한 직권 계자가 있으므로 기동 회전력도 상당히 크다. 가동 복권전동기는 특성이 직권에 가까우면서도 직권전동기와 같이 무구속 속도에 도달할 염려가 없어 권상기, 공작 기계 등에 사용한다.

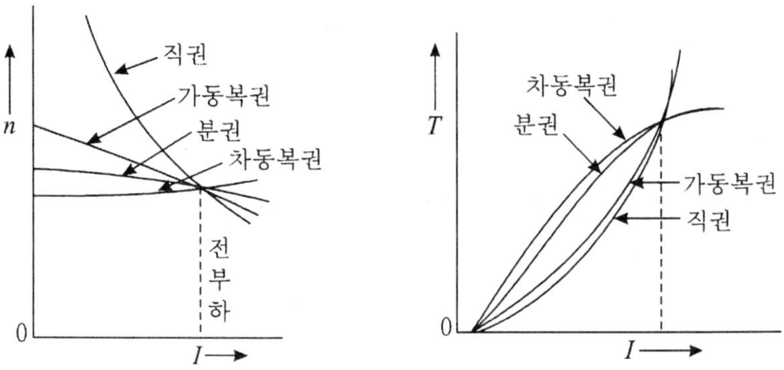

(a) 속도 특성 (b) 회전력 특성

그림 3-35 직류전동기의 타입별 속도 및 회전력 특성

차동 복권전동기는 직권 계자의 기자력이 분권 계자의 기자력을 상쇄하도록 작용하므로 부하 전류가 증가함에 따라 자속은 감소되어 속도를 상승시키는 작용을 하므로 속도 특성 곡선은 그림 3-35와 같이 오른쪽에서 올라가게 된다. 차동 복권 전동기는 기동 회전력이 작고 운전상 안정성이 없어 거의 사용되지 않는다.

예제 3-33

100[V], 10[A], 전기자 저항 1[Ω], 회전수가 1800[rpm]인 전동기의 역기전력[V]은 얼마인가? 계자 전류는 무시하기로 하자.

풀이 $V=100[\text{V}]$, $I_a=10[\text{A}]$, $R_a=1[\Omega]$이므로,

$$E_c=V-I_aR_a=100-10\times1=90[\text{V}]$$

예제 3-34

10[kW], 200[V], 전기자 저항 0.15[Ω]의 타여자 발전기를 전동기로 사용하여 발전기의 경우와 같은 전류를 흘렸을 때 단자 전압은 몇 [V]로 하면 되는가? 단, 여기서 전기자 반작용은 무시하고 회전수는 같도록 한다.

풀이 $P=10[\text{kW}]$, $V=200[\text{V}]$, $R_a=0.15[\Omega]$라고 할 때,

1) 발전기의 경우

$$E=V+I_aR_a=200+\frac{10000}{200}\times0.15=207.5[\text{V}]$$

2) 전동기의 경우

회전속도가 동일하므로 $E=E_c$이므로,

$$V = E_c + I_a R_a = E + I_a R_a = 207.5 + \frac{10000}{200} \times 0.15 = 215[\mathrm{V}]$$

▌예제 3-35▐

기동시에는 직류 분권전동기 계자 저항기의 저항값은 어떻게 해 두는가?

풀이 회전력은 $T = K\phi I_a$ [N · m]이고,

회전속도는 $N = K\dfrac{V - I_a R_a}{\phi}$ [rps]일 때, 기동시에 계자 저항을 최소로 하여 계자 전류를 크게 한다면 기동 토크가 큰 값을 가지고, 이때의 속도는 저속이 된다. 다시 말해, 기동시의 계자 저항은 그 값을 0으로 한 후 기동한다.

▌예제 3-36▐

출력 7.5[kW]의 전동기가 1200[rpm]으로 회전할 때의 회전력은 얼마인가? 단, 철손 및 기계손을 무시한다.

풀이 $$T = \frac{P[\mathrm{W}]}{w[\mathrm{rad/s}]} = \frac{7.5 \times 10^3}{2\pi \frac{1200}{60}} = 59.7\,[\mathrm{N \cdot m}] \fallingdotseq 6.1\,[\mathrm{kg \cdot m}]$$

▌예제 3-37▐

중권으로 감긴 직류전동기가 있다. 극수 4, 전기자 도체수 160, 1극의 자속수 0.01[Wb], 부하 전류 100[A]일 때 전동기의 회전력을 구하라.

풀이 $$T = \frac{PZ}{2\pi a}\phi I_a\ [\mathrm{N \cdot m}]$$

$$\therefore\ T = \frac{4 \times 160}{2\pi \times 4} \times 0.01 \times 100 = 25.5[\mathrm{N \cdot m}]$$

▌예제 3-38▐

직류 분권전동기가 단자 전압 215[V], 전기자 전류 50[A], 1500[rpm]으로 운전되고 있을 때 발생하는 회전력은 얼마인가? 단, 전기자 저항은 0.1[Ω]이다.

풀이 $$E_c = V - R_a I_a = 215 - 0.1 \times 50 = 210[\mathrm{V}]$$

$$P = E_c I_a = 2\pi n T$$

$$T = \frac{E_c I_a}{2\pi n} = \frac{210 \times 50}{2 \times 3.14 \times \frac{1500}{60}}$$

$\fallingdotseq 66.9[N \cdot m]$

▌예제 3-39 ▌

직류 분권전동기가 100[HP], 600[V], 1200[rpm]일 때, 분권계자저항이 400[Ω], 전기자 저항이 0.22[Ω]이고 정격부하에서 효율이 90[%]이면 전부하시 역기전력은 약 몇 [V]인가, 이때 1[HP]는 746[W]이다.

풀이 전동기의 입력 $P = \frac{P_0}{\eta} = \frac{100 \times 746}{0.9} = 82888[W]$

전부하 전류 $I = \frac{P}{V} = \frac{82888}{600} = 138[A]$

계자 전류 $I_f = \frac{V}{R_f} = \frac{600}{400} = 1.5[A]$

전기자 전류 $I_a = I - I_f = 138 - 1.5 = 136.5[A]$

역기전력 $E_c = V - I_a R_a = 600 - 136.5 \times 0.22 \fallingdotseq 570[V]$

▌예제 3-40 ▌

전기자 저항 0.05[Ω]인 직류 분권발전기가 있다. 회전수는 1000[rpm]으로 단자 전압이 220[V]일 때, 전기자 전류는 100[A]를 나타낸다. 지금 이것을 전동기로 사용하여 단자 전압과 전기자 전류를 발전기일 때와 같게 할 때 회전수는 얼마일까? 단, 전기자 반작용은 무시한다.

풀이 $R_a = 0.05[\Omega]$, $V = 220[V]$, $n = 1000[rpm]$, $I_a = 100[A]$일 때,

발전기의 기전력 $E = V + I_a R_a = 220 + 100 \times 0.05 = 225[V]$

전동기의 역기전력 $E_c = V - I_a R_a = 220 - 100 \times 0.05 = 215[V]$

$E = P\phi n \frac{z}{a}[V]$에서 회전속도는 기전력(역기전력)에 비례하므로 전동기의 속도 N'는

$N' = \frac{E_c}{E} \times N = \frac{215}{225} \times 1000 \fallingdotseq 956[rpm]$와 같이 된다.

▌예제 3-41▐

분권전동기가 100[V], 10[kW], 1000[rpm]일 때, 부하전류 102[A]의 정격 속도로 운전하고 있다. 지금 전기자에 직렬로 저항 0.4[Ω]을 접속하여 전과 동일한 토크로 운전한다면 몇 [rpm]으로 회전할까? 단, 전기자 및 분권 계자회로의 저항은 각각 0.05[Ω]과 50[Ω]이다.

풀이 $I_f = \dfrac{V}{R_f} = \dfrac{100}{50} = 2[A]$, $I_a = I - I_f = 102 - 2 = 100[A]$

$E_c = V - I_a R_a = 100 - 100 \times 0.05 = 95[V]$

토크 $T = K\phi I_a$에서 토크가 같은 값일 경우 전기자 전류는 $I_a = I_a'$이 된다.

전기자에 직렬저항을 접속한 경우 역기전력 E_c'은

$E_c' = V - I_a'(R_a + R_s) = 100 - 100 \times (0.05 + 0.4) = 55[V]$

$E_c' = P\phi n \dfrac{Z}{a} = k\phi n[V]$에서 $k\phi = \dfrac{E_c}{n}$, I_f가 일정하므로 $k\phi$도 일정하여진다.

그러므로

$$\frac{E_c}{n} = \frac{E_c'}{n'},\quad n' = \frac{E_c'}{E_c} \times n = \frac{55}{95} \times 1000 = 578.95[rpm]$$

▌예제 3-42▐

분권전동기가 120[V], 전기자 전류 100[A], 전기자 저항 0.2[Ω]이라면 발생 동력은 몇 [kW]가 되겠는가?

풀이 $P = E_c I_a$, $E_c = V - R_a I_a = 120 - 0.2 \times 100 = 100[V]$

그러므로 $P = 100 \times 100 \times 10^{-3} = 10[kV]$

▌예제 3-43▐

분권전동기가 120[V]의 전원에 접속되어 운전되고 있다. 부하시에는 50[A]가 흐른다. 무부하가 되면 4[A]가 흐르고, 분권 계자 회로의 저항은 40[Ω], 전기자 회로 저항은 0.1[Ω]이다. 부하 운전시의 출력은 몇 [kW]인가? 단, 브러시 전압 강하는 2[V]이다.

풀이 $I = 50[A]$, $I_f = 4[A]$, $R_f = 40[\Omega]$, $R_a = 0.1[\Omega]$, $v_b = 2[V]$일 때,

$I = I_a + I_f$를 정리하면 $I_a = I - I_f = 50 - 4 = 46[A]$

역기전력 $E_c = V - I_a R_a - v_b = 120 - 46 \times 0.1 - 2 = 113.4[V]$

출력 $P = E_c I_a = 113.4 \times 46 \times 10^{-3} = 5.21[\text{kW}]$

▌예제 3-44▐

출력 4[kW], 1400[rpm]인 전동기가 있다. 토크[kg·m]는 얼마겠는가?

풀이 $T = \frac{1}{9.8}\frac{P}{\omega} = \frac{1}{9.8} \times \frac{P}{2\pi \times \frac{N}{60}} = 0.975\frac{P}{N}[\text{kg}\cdot\text{m}]$

그러므로 $T = 0.975 \times \frac{4000}{1400} = 2.79[\text{kg}\cdot\text{m}]$

▌예제 3-45▐

전체 도체수가 100, 단중 중권이며 자극수는 4, 자속수는 극당 0.628[Wb]인 직류 분권전동기가 있다. 여기에 부하를 걸러 전기자에 5[A]가 흐르고 있다면 이때의 토크 [N·m]은 어떻게 되겠는가?

풀이 출력 $P = 2\pi n T = E_c I_a = p\phi n\frac{Z}{a} \times I_a$라면

토크 $T = \frac{pZ}{2\pi n}\phi I_a[\text{N}\cdot\text{m}]$

중권이므로 내부 회로수는 $a = p = 4$이다.

그러므로 $T = \frac{4 \times 100}{2 \times 3.14 \times 4} \times 0.628 \times 5 = 50[\text{N}\cdot\text{m}]$

▌예제 3-46▐

출력이 9[kW]이고, 단자전압은 220[V], 입력전류가 51.5[A]인 경우, 계자 전류가 1.5[A], 회전속도는 1500[rpm]인 직류 분권전동기가 있다고 가정하자. 이때 발생하는 토크[kg·m]와 효율[%]은 어떻겠는가? 단, 이때 전기자 저항은 0.1[Ω]이다

풀이 $P = 9[\text{kW}]$, $V = 220[\text{V}]$, $I = 51.5[\text{A}]$, $I_f = 1.5[\text{A}]$, $n = \frac{1500}{60} = 25[\text{rps}]$일 때,

전기자 전류는 $I_a = I - I_f = 51.5 - 1.5 = 50[\text{A}]$

전기자 역기전력 $E_c = V - R_a I_a = 220 - 0.1 \times 50 = 215[\text{V}]$

전기자 발생 기계 동력 $P_m = E_c I_a = 215 \times 50 = 10,750[\text{W}]$

발생 토크 T는 다음과 같이 구할 수 있다.

$$T = \frac{E_c I_a}{2\pi n} = \frac{10,750}{2\pi \times 25} = 68.44[\text{N}\cdot\text{m}] = \frac{68.44}{9.8}[\text{kg}\cdot\text{m}] = 6.98[\text{kg}\cdot\text{m}]$$

효율 η는 다음과 같이 구할 수 있다.

$$\eta = \frac{P(\text{출력})}{VI(\text{입력})} \times 100 = \frac{9 \times 10^3}{220 \times 51.5} \times 100 = \frac{9000}{11,330} \times 100 = 79.44[\%]$$

▌예제 3-47▐

직류 분권전동기에서 단자 전압이 215[V], 전기자 전류가 50[A], 전기자 저항이 0.1[Ω], 회전속도가 1500[rpm]일 때 발생토크는 몇 [kg · m]인가?

풀이 $V = 215[\text{V}]$, $I_a = 50[\text{A}]$, $R_a = 0.1[\Omega]$, $N = 1500[\text{rpm}]$이라고 할 때,

$$P = E_c I_a = (V - I_a R_a) I_a = (215 - 50 \times 0.1) \times 50 = 10,500[\text{W}]$$

$$T = 0.975 \frac{P}{N} = \frac{10500}{1500} \times 6.825[\text{kg} \cdot \text{m}]$$

3.5 직류전동기의 운전(Drive of DC Motor)

3.5.1 직류전동기의 기동

정지 상태에 있는 전동기를 운전 상태로 만드는 것을 직류전동기의 기동이라고 하며, 기동중인 직류전동기의 전기자 전류 I_a는 다음과 같이 나타낼 수 있다.

$$I_a = \frac{V - K\phi N}{R_a} \text{ [A]} \tag{3-47}$$

여기서 $K = \frac{PZ}{a}$ 이다. 전동기를 기동하기 위하여 전동기에 직접 전 전압을 가하면 위의 식에서 전기자 저항 R_a는 극히 적은 값이고 $N=0$ 이므로, 전기자 전류는 $I_a = V/R_a$ 으로 정격 전류의 수 배에서 수십 배가 되어 다음과 같은 영향을 준다.

① 정류자 및 브러시가 손상한다.
② 전원에 큰 충격을 준다.
③ 매우 큰 회전력이 발생하므로 기계가 파손될 염려가 있다.

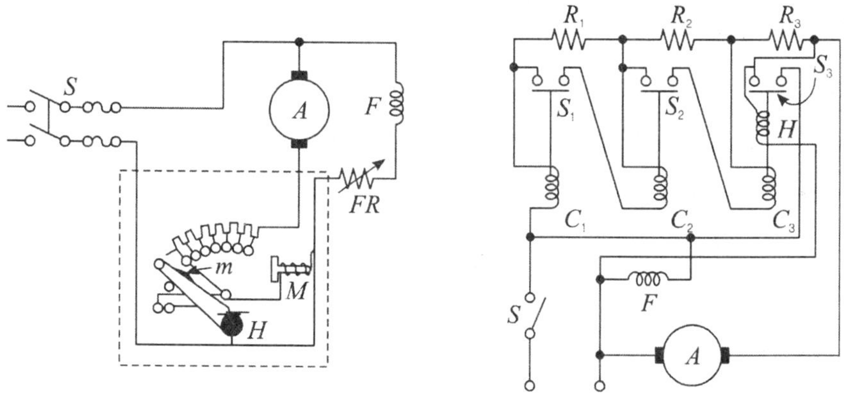

(a) 수동 기동기 (b) 자동 기동기

그림 3-36 기동기

따라서 기동할 때 전기자 전류를 정격 전류의 100~150[%]로 제한할 수 있도록 전기자에 직렬로 접속하는 저항을 기동 저항이라 한다. 기동 저항을 포함한 기동기는 직렬로 접속된 몇 개의 저항을 순차적으로 단락시킬 수 있는 구조로 되어 있으며 단락방식에 따라(그림 3-36) 수동 기동기와 자동 기동기로 분류한다.

① 기동기는 전기자와 직렬로 접속되어 있으며, 이 전동기를 기동하면 기동 순간에는 정격 전류보다 많은 전류가 흐르지만 ② 전동기가 회전하기 시작하면 역기전력 $E_c = K\phi N$이 발생하여 전기자 전류가 감소하기 시작한다. ③ 전류가 정격 전류 정도로 감소하였을 때 기동기의 핸들 H를 오른 쪽을 돌려 기동 저항을 감소시키면 ④ 전류는 다시 증가하지만 회전수가 계속 상승하고 있으므로 전류는 다시 감소하기 시작한다. ⑤ 다시 핸들로 기동 저항을 감소시키는 방법으로 계속 저항을 감소시켜 기동 저항이 0이 되면 기동은 끝난다. 수동 기동기에서 M은 무전압 개방기로 전원이 차단되었을 때, 핸들을 자동적으로 기동전의 위치로 복귀하도록 하여 전원이 다시 들어왔을 때 전동기의 소손을 방지하는 역할을 한다.

차동 복권전동기를 기동시키는 경우에는 먼저 직권 계자 권선을 단락시켜 두지 않으면 반대 방향으로 회전하거나 혹은 기동 회전력을 현저히 약하게 하여 과대한 기동 전류가 흐를 우려가 있으므로 먼저 분권전동기로 기동을 시켜 충분한 속도가 됐을 때 직권 권선에 전류를 흘리도록 한다.

3.5.2 직류전동기의 속도제어

앞서 언급하였듯이 $N = K\frac{V - I_a R_a}{\phi}$ (단, $K = \frac{a}{pZ}$)에 의한 속도제어 방법은 다음과 같은 3가지가 있다. 수식을 보면 알 수 있듯, 단자전압이 증가하거나 자속의 양이 줄어들거나, 전기자 전류나 전기자 전류의 값으로 인한 전압강하가 증가하면 속도는 감소하는 특성을 나타낸다.

① 계자 제어법 : 계자 전류의 값을 조절하여 자속 ϕ를 변화시키고 이로써 속도를 제어하는 방법

② 저항 제어법 : 전기자에 직렬로 저항을 접속한 후, 전기자 회로의 전압 강하량을 조절함으로써 속도를 변화시키는 방법

③ 전압 제어법 : 전기자에 가하는 전압을 변화시킴으로써 속도를 제어하는 방법

(1) 분권전동기의 속도 제어

분권전동기의 계자제어법은 다음과 같다 그림 3-37 (a)의 회로도에서 계자 저항 조정기(FR)로 계자 전류의 값을 변화시키면 자속 ϕ가 변하므로 속도는 자속에

반비례하여 변화한다. 즉, 자속 ϕ가 $\frac{\phi}{2}$, 2ϕ가 되면 속도는 그림 (b)와 같이 각각 2배, $\frac{1}{2}$배로 변한다.

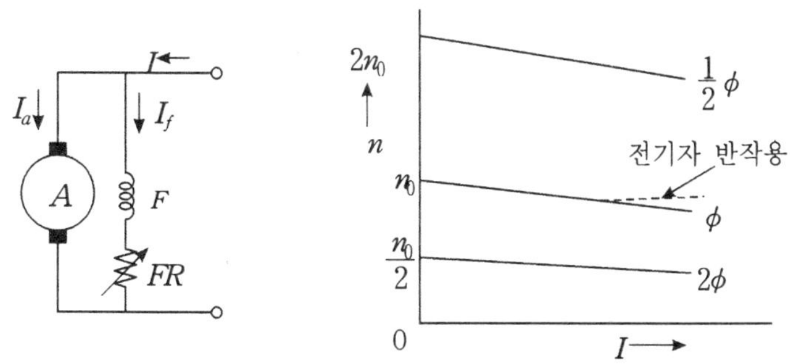

(a) (b)

그림 3-37 분권전동기의 계자 제어법

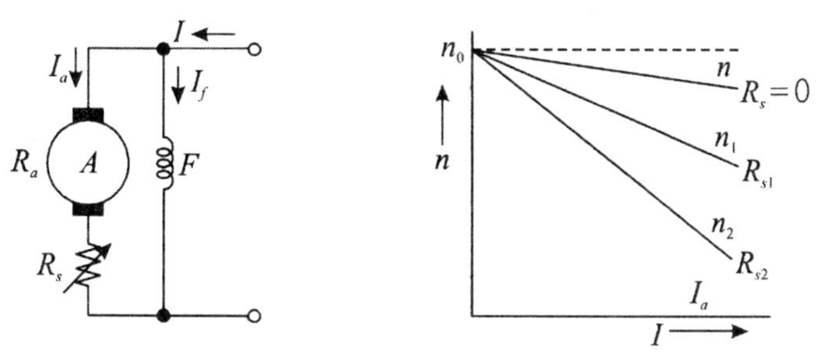

(a) (b)

그림 3-38 분권전동기의 저항 제어법

분권 계자 전류는 매우 적으므로 계자 저항 조정기에 흐르는 전류도 적으므로 전력 손실도 적고 조작도 간단하다. 그러나 계자 저항 조정기의 저항을 아무리 감소시키더라도 계자 권선의 자체저항과 자기 포화로 자속이 더 이상 증가하지 않으므로 어느 정도 속도의 이하로는 속도를 떨어뜨릴 수 없다. 또한 계자 회로의 저항값을 증가시킴으로써 계자 전류가 매우 적게 되어 계자의 기자력이 전기자 기자력보다 적어지면 중성점 이동이 심해진다. 이로 인하여 보극이 없는 전동기는 정류 작용이 불량하여진다.

분권전동기의 저항제어법을 보자. 그림 3-38 (a)와 같이 전기자 권선에 직렬로 가변 저항 R_s을 접속하여 회로를 구성함으로써 속도 제어하는 방법이다. 이 방법은 전기자 전류 I_a가 R_s에 흘러서 발생하는 전력 손실 $I_a{}^2R_s$가 커서 효율이 저하되는 단점이 있다. 그러나 속도 변동률이 크기 때문에 단시간 동안 속도를 매우 낮게 할 필요가 있는 경우에 적합하다 할 수 있다.

분권전동기의 전압제어법은 전기자에 가하는 단자 전압을 변화시켜 속도를 제어하는 방법으로 다음과 같은 방식이 있으며 계자 권선을 타여자로 하면 넓은 범위의 속도에서 정회전과 역회전을 할 수 있으나 설비비가 많이 드는 결점이 있다.

① 워드 레오너드 방식(ward leonard system) : 그림 3-39와 같이 주 전동기 M에 전용의 타여자 발전기 G와 발전기를 회전시키는 구동용 전동기 DM이 설비되어 있다. 이 방식은 ㉠ 발전기의 계자 저항 조정기 FR_1를 조절하여 ㉡ 발전기 전압을 조절하고, ㉢ 조정된 발전기 전압은 바로 주 전동기에 가해지는 전압이 되므로 FR_1로 전압을 제어하여 발전기 전압을 조절하여 전동기의 속도를 제어하는 방식이다. 이와 같이 계자 저항 조정기 FR_2로 계자 제어방식을 전압 제어에 적용함으로써 전동기의 계자 제어법을 속도 조정 범위를 확대할 수 있다. 최근에는 반도체 정류기를 이용한 정지 워드 레오너드 방식이 개발되어 많이 이용하고 있다.

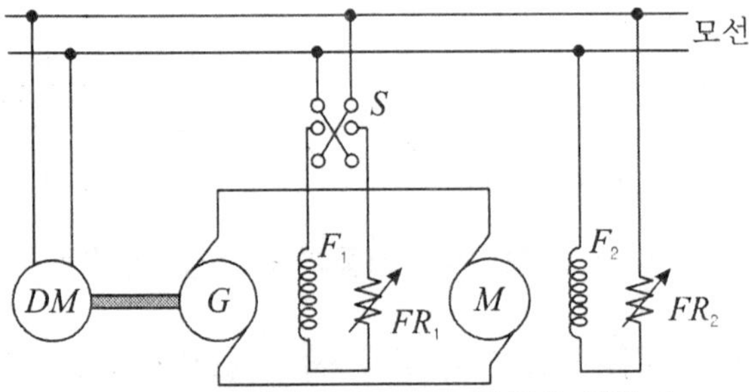

M : 주 직류전동기 DM : 구동용 전동기
G : 직류발전기

그림 3-39 워드 레오너드 방식

② 일그너 방식(illgner system) : 일그너 방식은 워드 레오너드 방식과는 달리 구동용 전동기(DM)로 직류전동기 대신 유도전동기를 쓰고 축에 큰 플라이 휠(fly wheel)을 붙인 것이다. 이 방식은 주 전동기의 회전력이 갑자기 증가하면 유도전동기의 부하가 증가하여 속도가 낮아진다. 이 때 플라이 휠에 저축된 운동 에너지

를 방출하여 유도전동기를 돕게 되므로 입력은 얼마 증가하지 않아도 되므로 전동기의 부하가 급변할 때 전원에서 공급되는 전력의 변동이 적다는 것이 특징이며 큰 압연기나 권상기에 적용된다.

(2) 직권전동기의 속도 제어

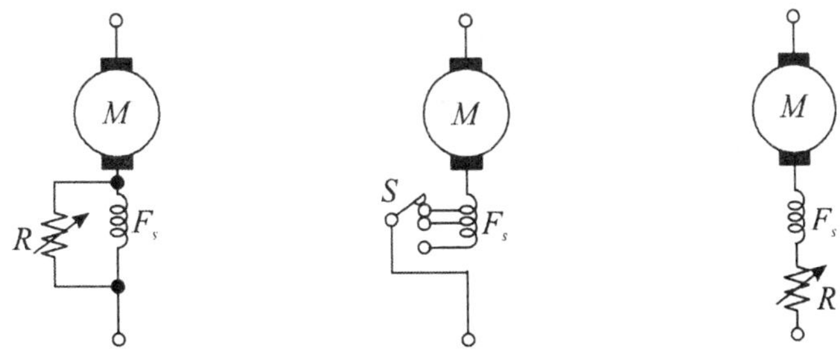

(a) (b) (c)

그림 3-40 직권전동기의 계자 제어((a), (b))와 저항 제어((c))

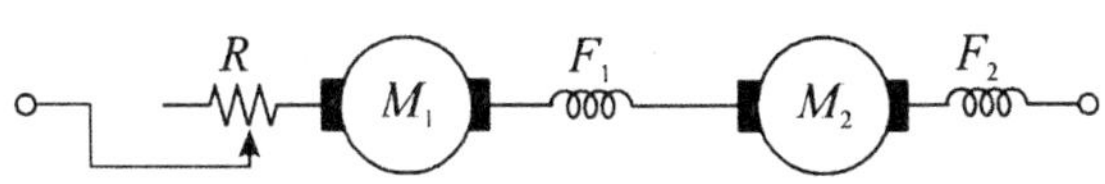

(a) 저속도 운전

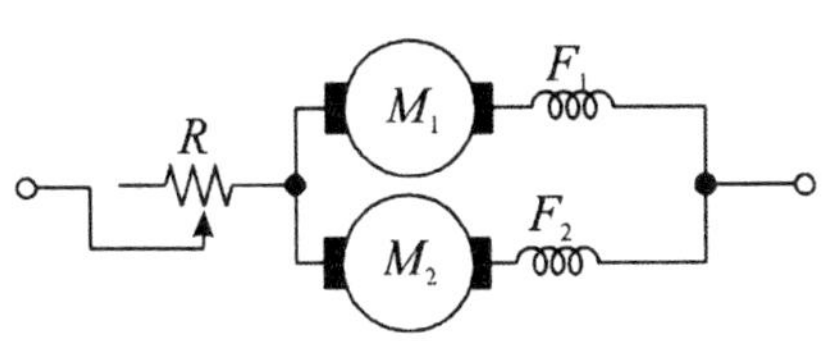

(b) 고속도 운전

그림 3-41 직권전동기의 직병렬 제어

직권전동기의 계자 제어법에 대해 이야기 해보자. 계자 기자력을 변화시켜 속도를 제어하려면 계자 권선에 병렬로 접속한 가변 저항 R을 조정하여 계자 전류를 변화시키는 방법(그림 3-40 (a))과 계자 권선의 도중에 내놓은 탭의 접속을 바꾸는 방법(그림 3-40 (b))이 있다.

직권전동기의 저항 제어법(그림 3-40 (c))을 이용하여 속도제어를 하려면 전기자 회로에 직렬로 가변 저항 R을 접속함으로써 속도를 저하시키면 된다. 이 방법은 분권전동기의 속도 제어에서 설명한 바와 같이 효율이 나쁜 것이 결점이지만 직권전동기의 직병렬 제어법과 병용해서 많이 사용되는 방법이다.

직권전동기의 직병렬 제어법은 전압 제어법의 일종이다. 정격이 같은 2대의 전동기를 사용하는 경우 이들을 직렬로 하면 각 제어기에는 1/2의 전압이 가해지고 병렬로 하면 전 전압이 가해지므로 속도를 조정할 수 있다. 그러나 속도의 변화가 제한적이므로 여기에 저항 제어법을 병용하여 속도의 변화를 다양하게 할 수 있다.(그림 3-41) 이 방법은 전철의 운전에서 제어기의 핸들을 돌려서 간단히 속도 제어를 한다.

3.5.3 직류전동기의 제동

제동이란 전동기의 속도 상승을 억제하거나 정지 시간을 단축시키는 것을 의미한다. 제동 방식에는 기계 제동과 전기 제동이 있으며 전기 제동에는 발전 제동/회생 제동/역전 제동이 있다.

발전 제동(dynamic braking)이란 운전 중의 전동기를 전원으로부터 분리시킨 후 아직 관성에 의해 운동에너지가 남아있는 전동기를 발전기로 동작시키고, 전기에너지를 발생하고 있는 발전기의 motoring 작용에 의해 제동하는 방식을 의미한다. 발전기의 motoring 방향은 발전기의 회전방향과 반대방향이므로 관성으로 남아있는 전동기의 회전을 제동하는데에 이용할 수 있다. 발전기로서 발생시킨 전기에너지는 저항에서 열에너지로 소비시킨다.

분권전동기의 경우, 계자를 전원에 접속한 상태로 전기자 회로만을 전원에서 떼어 그 양단에 저항기를 접속하면 타여자 발전기로 발전 제동할 수 있다. 직권전동기와 복권전동기의 경우, 직권 권선의 접속을 반대로 하거나 타여자로 한다. 제동으로 속도가 저하하면, 전기 제동의 작용은 약해지기 때문에 확실히 정지시키는데는 기계 제동을 병용한다.

회생 제동은 전철이 급경사의 길을 내려갈 때나 엘리베이터가 강하할 때는 중력가속도로 속도가 상승하므로 속도를 일정히 유지하거나 감소시키기 위해 제동력을 필요로 할 때 사용하는 것으로 역기전력을 전원 전압보다 크게 하여 발전기로서 전력을 전원에 돌려 보내 제동하는 것을 회생 제동이라 한다.

역전 제동(plugging braking)의 경우, 운전 중인 전동기의 전기자를 반대로 절환

하면, 자속은 변하지 않고, 전기자 전류는 반대로 되어 전동기의 회전 방향과는 반대 방향의 회전력이 발생되므로 제동된다. 그러나 그대로 방치하면 역회전하므로 정지와 동시에 전원을 차단한다.

예제 3-48

공급 전압 520[V], 부하 전류 40[A], 회전수 1200[rpm]인 직류 직권전동기의 공급 전압을 395[V]로 줄였을 때 부하 전류가 30[A]이면 회전수는 얼마로 되는가? 단, 전기자 권선과 계자 권선의 합성 저항은 0.5[Ω]이라 한다.

풀이 공급 전압 520[V] 때의 역기전력 $E_c = 520 - 0.5 \times 40 = 500[V]$

공급 전압 400[V] 때의 역기전력 $E_c' = 395 - 0.5 \times 30 = 380[V]$

$E_c = k\phi N = kk'IN,\ N = kk' \cdot \frac{E_c}{I}$ 이므로

$$N' = \frac{E_c'}{E_c} \times \frac{I}{I'} \times N = \frac{380}{500} \times \frac{40}{30} \times 1200 = 1216\,[rpm]$$

3.6 직류기의 효율과 손실 (Effectiveness and Loss of DC Machine)

3.6.1 직류기 효율

회전기인 직류기의 효율을 계산하는데 있어 고려할 것으로는 기계손과 전기손이 존재하며 무부하시에 발생하는 손실로는 저항에 의한 손실 중 분권전동기의 계자동손이 있다.

발전기의 출력과 전동기의 입력은 모두 VI이므로 직류발전기와 전동기의 단자전압을 V, 부하 전류를 I, 무부하손을 P_o, 부하손을 kI^2라 하여 규약 효율을 나타내면 발전기의 효율 η_g와 전동기의 효율 η_m로 다음과 같이 나타낼 수 있다.

$$\eta_{g(\text{규약})} = \frac{\text{출력}}{\text{출력}+\text{손실}} \times 100 = \frac{VI}{VI+(P_o+kI^2)} \times 100[\%] \tag{3-48}$$

$$\eta_{m(\text{규약})} = \frac{\text{입력}-\text{손실}}{\text{입력}} \times 100 = \frac{VI-(P_o+kI^2)}{VI} \times 100[\%] \tag{3-49}$$

최대 효율을 구하기 위해 위의 식에서 분모 분자를 부하 전류 I로 나누면

$$\frac{VI}{VI+(P_o+kI^2)} \times 100 = \frac{V}{V+(P_o/I+kI)} \times 100[\%]$$

$$\frac{VI-(P_o+kI^2)}{VI} \times 100 = \frac{V-(P_o/I+kI)}{V} \times 100[\%]$$

이 되어, 단자 전압을 일정하게 하였을 때 발전기, 전동기의 경우 모두 $(P_o/I+kI)$이 최소일 때 효율이 최대가 된다. $y = P_o/I+kI$라 놓으면 y가 최소가 되는 조건은 $\frac{dy}{dI} = 0$이므로

$\frac{dy}{dI} = -\frac{P_o}{I^2} + k = 0$에서

$$kI^2 = P_o \tag{3-50}$$

이 되어 부하손과 무부하손이 같을 때 효율은 최대가 된다.

▌예제 3-49▐

정격 전압 100[V], 계자 저항 40[Ω], 전기자 저항 0.2[Ω]인 직류 분권발전기의 전부하 전류가 50[A]이고 무부하손이 600[W]이면 전부하 효율은 얼마인가?

풀이 출력 $P=100\times50=5000$[W]

계자 전류 $I_f=100/40=2.5$[A]

전기자 동손 $P_a=(50+2.5)^2\times0.2\fallingdotseq551$[W]

계자 동손은 무부하손에 포함되므로

$$\eta=\frac{5000}{5000+551+600}\times100\fallingdotseq81.3[\%]$$

제4장 동기기

4.1 동기발전기의 원리 및 분류 (Principle & Classification of Synchronous Generator)

4.1.1 동기발전기의 원리 및 구조

그림 4-1 (a)와 같이 자극 N, S가 만드는 전자석이 시계 방향으로 회전하면, 고정되어 있는 권선변 *a*, *b*에는 자속이 쇄교하여 플레밍의 오른손 법칙에 따르는 기전력이 발생된다(그림 4-1 (b)의 +반파). 이 때의 전류는 부하로 흐르게 되고 이를 +의 기전력이라 하자. 반 회전 후에는 플레밍의 오른손 법칙에서 힘의 방향이 반대로 되므로 기전력의 방향도 반대로 되어 그림 4-1 (b)에서 보는 바와 같이 나머지 −반파의 전류가 흐른다. 이와 같이 권선을 일정한 속도로 회전시키면 반 회전마다 기전력의 방향이 규칙적으로 변하는 교류 기전력이 권선에 발생한다.

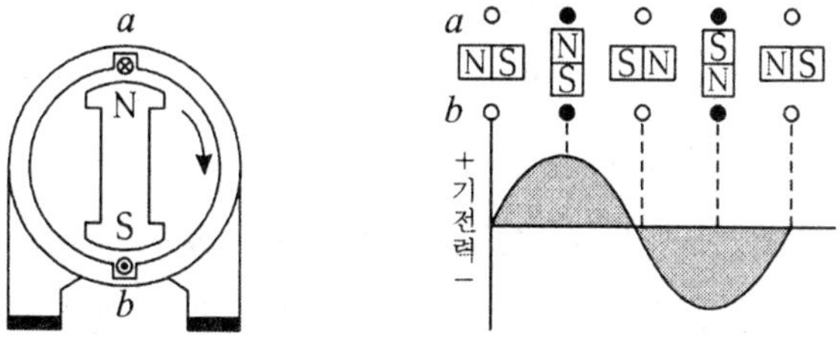

(a) (b)

그림 4-1 동기발전기의 원리

그림 4-2 (a)에서 보는 바와 같이 교류발전기는 전기자를 고정시키고 자극을 회전시키는 경우를 회전 계자형이라 한다. 그러나 동일한 원리를 실현하기 위해서는 그림 (b)와 같이 자극을 고정시킨 상태에서 전기자를 돌려도 된다. 이러한 발전기를 회전 전기자형이라 한다.

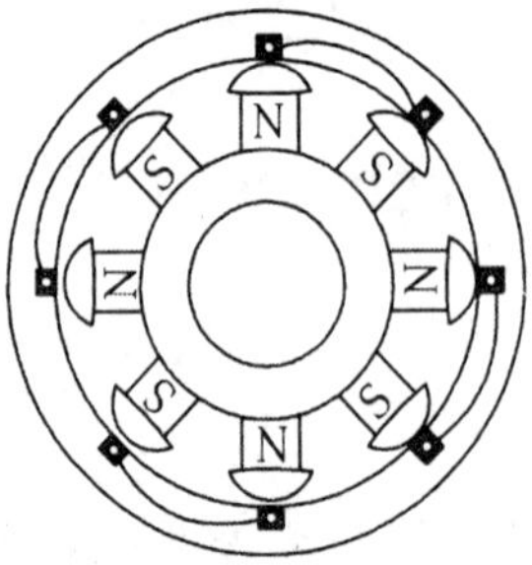

(a)

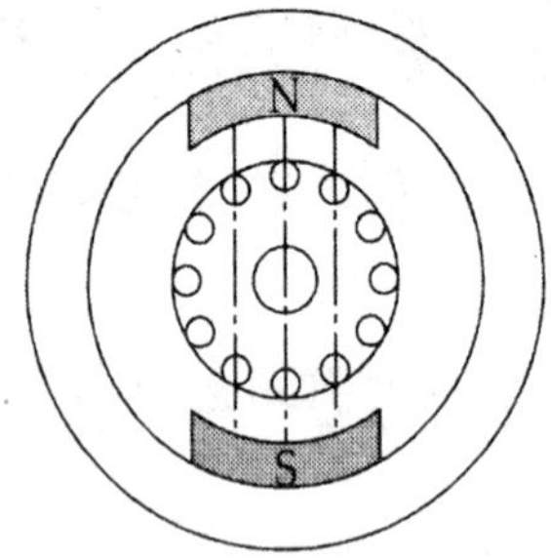

(b)

그림 4-2 회전 전기자형과 회전 계자형

대부분의 동기발전기는 다음과 같은 이유로 회전 계자형으로 한다. 다만 용량이 극히 적은 저전압, 특수 용도의 동기발전기는 회전 전기자형을 적용하여 이는 제외한다.

① 회전 전기자형의 경우 전기자 권선의 고전압 절연이 곤란하다.(국내 발전소에 있는 동기발전기의 정격 전압은 11,000[V] 이상이다).

② 회전 계자형으로 하면 구조가 간단하다. 결선이 상대적으로 복잡(3상의 경우 4개의 인출선)한 전기자가 고정되므로 전기자 권선에서 발생한 기전력을 슬립링 없이 간단하게 직접 외부 회로에 접속할 수 있다. 회전하는 전자석의 계자 권선에는 110~440[V]의 직류(인출도선 2개)이며 상대적으로 저압인 계자 권선의 공급전압은 슬립링을 통해 공급하면 된다.

③ 회전 계자형은 기계적으로 튼튼하게 만드는데 용이하다.

④ 회전자의 관성을 높여 고장시 과도 안정도를 높인다.

이 외에 전기자 및 계자의 두 권선이 모두 고정되고, 유도자라고 하는 권선이 없는 철심 회전자를 갖춘 유도자형이 있으며 수백~수만[Hz]의 고주파 발전기에 사용된다.

그림 4-1에서 보는 바와 같이 2극인 발전기는 권선이 1회전할 때마다 1[Hz]의 기전력을 발생하지만 P극인 발전기에서 발생하는 기전력은 권선이 N극과 S극, 즉 2개의 극을 지날 때마다 1[Hz]의 기전력을 발생하여 권선이 1회전하는 사이에 $P/2$ [Hz]의 기전력을 발생하므로 극수를 P, 회전수를 N[rpm], 주파수를 f라 하면 다음과 같은 식이 성립한다. N_s로 나타낸 항을 동기 속도라 하며, 동기 속도로 회전하는 교류발전기를 **동기발전기**라 한다.

$$\left.\begin{aligned} f &= \frac{P}{2} \times \frac{N}{60}\ [\text{Hz}] \\ N_s &= \frac{120f}{P}\ [\text{rpm}] \end{aligned}\right\} \qquad (4\text{-}1)$$

국내에서 사용하는 전원 주파수는 60[Hz]로 일정하고 발전기의 극수는 회전수에 따라 정해지며 회전수는 발전기를 회전시켜 주는 원동기에 따라 결정된다. 유량과 낙차로 결정되는 수차의 회전수는 다른 원동기에 비하여 회전수가 낮기 때문에 수력 발전소의 수차에는 많은 극수가 요구된다. 화력 발전소나 원자력 발전소의 터빈은 고속일수록 효율이 높으므로 회전수가 대체로 1500~3600[rpm]정도 되고 터빈 발전기의 극수는 주로 2 또는 4로 결정하는데 대부분 2극으로 한다. 엔진 발전기의 회전수는 100~1000[rpm] 정도의 범위로 설정하며 적절한 극수를 선택하게 된다.

일반적으로 회전 계자형으로 사용되는 동기기의 회전자는 계자 철심, 계자 권선, 회전자 계철, 슬립링 및 축으로 구성되며 고정자는 전기자 철심, 전기자 권선, 브러시 및 고정자 틀로 구성된다. 이 밖에 여자기, 베어링, 통풍 장치 및 급유 장치들이 있다.

동기기의 자극은 철극과 비철극이 있으며, 비철극을 **원통극**, 철극을 **돌극**이라고도 한다. 철극은 수차 발전기나 엔진 발전기와 같이 회전수가 낮아 극수가 많이 필요한 발전기에 사용되고 비철극은 터빈 발전기와 같이 극수가 적은 발전기에 사용된다. 터빈 발전기는 고속 회전하므로 원심력이 적도록 회전자의 지름을 작게 하므로, 출력을 같게 하기 위해서 축 방향의 길이를 길게 한다. 따라서 축 방향으로 긴 횡축형이 된다. 권선단에는 특수 합금강 또는 비자성체의 보호환을 끼워 원심력에 견디도록 한다.

용량이 작은 발전기의 계자 권선은 저압이므로 절연 내력보다는 기계적으로 강하고 고온에 견디도록 층간 절연은 운모나 석면과 같은 내열성 재료를 사용한다. 고정자 철심은 규소 강판을 성층하여 고정자 틀의 안쪽에 붙이고 성층 철심에는 철심 두께 약 50[mm]마다 폭 10[mm] 정도의 통풍로를 만든다. 철심용 강판은 소형은 원형으로 하고 대형은 부채꼴로 나누어 만들며 강판의 안쪽에는 전기자 권선을 넣을 수 있는 홈을 만든다.

4.1.2 동기발전기의 분류

동기발전기는 원동력을 제공하는 원동기의 방식에 따라 다음과 같이 분류할 수 있다.

① 수차 발전기 : 수차에 의해 회전

② 터빈 발전기 : 증기 터빈 또는 가스 터빈에 의해 운전되는 것으로 원통형 즉, 비돌극형이 많이 사용된다.

③ 엔진 발전기 : 내연 기관에 의해 운전

또한 발전기는 용량이 클수록 효율이 좋고 건설비와 발전 단가도 낮아지므로 전력 수요가 급증하고 제작 기술이 발달함에 따라 대용량화하고 있다. 발전기의 손실은 모두 열로 변환되어 기계의 온도를 상승시키므로 발전기의 용량이 증가함에 따라 온도 상승도 커져 이를 효과적으로 냉각시키는 것이 중요하다. 그러므로 터빈 발전기의 냉각 방식은 중용량기까지는 공기에 의한 강제 통풍 방식을 사용하지만 대용량기는 공냉식으로는 냉각 효과가 부족하므로 수냉각 방식, 유냉각 방식, 수소 냉각 방식을 사용한다.

수소 냉각 방식은 전폐형으로 냉각용 매체로 공기 대신에 수소를 사용하는 것으로 다음과 같은 장점이 있으나 수소와 공기의 혼합으로 폭발할 위험성이 있으므로 여러 가지 복잡한 부속 설비가 필요하여 설비비가 많이 든다.

① 수소의 밀도는 공기의 약 7[%]이므로, 풍손은 공기 냉각일 때의 약 1/10로 감소하므로 풍손이 큰 비율을 차지하는 고속기는 효율을 0.75~1[%] 정도 높일 수 있다.

② 수소의 열 전도율은 공기의 약 6.7배, 비열은 약 14배, 표면의 열 발산율은 약 1.5배로 냉각 효과가 크므로 같은 출력의 기계에서 기계의 크기를 공냉식보다 약 25[%] 적게 할 수 있다(=25[%] 출력 증대 효과).

③ 수소는 공기보다 불활성이므로 권선의 절연이 오래 간다.

④ 코로나 전압이 높고 코로나가 발생해도 절연물에 끼치는 해가 적다.

⑤ 전폐형으로 불순물의 침입이 없고 소음이 적다.

⑥ 공기에 비해 대류율이 1.3배이고 운전중 소음이 적다.

발전기의 용량이 커지면 보통 구조의 수소 냉각 방식으로는 발전기의 치수와 중량이 증가하여 회전자 축의 제조 한계를 벗어나게 된다. 따라서 권선에 사용하는 절연물은 전기적인 절연물인 동시에 열에 대한 절연물이므로 권선의 절연물을 통하지 않고 중공(中空) 도체에 직접 냉각 매체를 삽입하여 냉각하는 내부 냉각 방식이 개발되어 사용하기에 이르렀다. 구조는 복잡하지만 냉각 효과가 커 수소 냉각 방식에 비하여 유효 철심의 길이를 50~70[%]로 할 수 있다.

또한 발전기는 축을 설치하는 방법에 따라 횡축형과 종축형으로 분류되며 횡축형은 터빈 발전기와 같은 고속기나 소형기에 사용되며 종축형은 주로 수차 발전기에 사용된다. 횡축형과 종축형을 비교하면 다음과 같다.

① 발전기의 용량이 증가하면 고정자의 중량이 증가하여 고정자 틀이 비틀어지게 된다. 따라서 이를 방지하려면 횡축형은 틀이 대형이 되고 무거워지며 회전자 축의 휘어짐을 막기 위하여 굵게 되어 결국 가격 상승을 가져오지만 종축형은 비교적 간단하게 이를 막을 수 있다. 그러나 전체의 구조는 횡축형이 간단하다.

② 수송 중량이나 크기의 제한이 있는 경우는 종축형이 고정자의 분할이 간단하므로 대형기의 설계와 수송이 편리하다.

③ 종축형은 발전기를 수차 위에 설치하므로 홍수위가 높아 바닥 면적을 넓게 차지하기 어려운 경우나 흡출고를 이용하는 경우 매우 유리하다.

종축형 발전기는 여자기가 축의 맨 위에 있고 그 밑에 추력 베어링을 설치하나 이것만으로는 축이 좌우로 동요하므로 회전자의 위와 아래에 각각 한 개의 안내 베어링을 설치한다.

저속도의 대형기에 사용되는 수차 발전기의 일종인 우산형 발전기는 회전자의 아래에 추력 베어링과 안내 베어링을 설치하고 위쪽에는 베어링을 설치하지 않는다. 우산형은 저속도 발전기에만 적용되는 것으로 저속도이면 축의 길이가 짧아 안내 베어링의 수를 적게 하여도 되기 때문이다. 따라서 우산형 발전기는 구조가 간단하고 동일한 정격에 비하여 중량이 가볍고 발전소 건물의 높이도 낮출 수 있어 기중기의 용량과 높이를 낮출 수 있다.

엔진 발전기는 디젤 엔진 또는 가스 엔진과 같은 왕복 기관으로 운전되는 발전기로, 보통 횡축형의 회전 계자형으로 저속도의 것이 많다. 취급이 간단하고 기동하는데 필요한 시간이 짧아서 예비 전원, 벽지의 전등 전력용 전원 등으로 사용된다. 왕복 기관은 1회전중의 회전력이 균일하지 않으므로 회전자에 적당한 플라이휠 효과를 주어 회전자의 각속도를 균일하게 하며 난조를 방지하기 위하여 자극면에 제동 권선을 설치한다.

동기발전기의 계자 권선에 여자 전류를 공급하는 직류 전원 공급 장치를 여자기라 한다. 여자 방식에 따라서 직류 여자기 / 정류기 여자법 / 브러쉬리스 여자 등으로 분류한다. 직류 여자기는 동기발전기와 별개로 동일 축에 직결하여 사용한다. 이를 분류하면 다음과 같다.

① 소용량기용 : 직류 분권발전기

② 중용량기 이상 : 복식 여자 방식이 사용

③ 복식여자방식(주 여자기 : 복권발전기, 타여자 발전기
부 여자기 : 분권발전기 사용)

정류기 여자법의 경우, 주 발전기가 발생한 전력의 일부를 반도체 정류기를 사용하여 정류한 후 이것을 계자 권선에 공급하는 방식으로 정지형 여자 장치라고도 한다. 이 방식을 사용한 기계를 자여교류발전기(self excited alternator)라 한다.

다음으로는 브러시레스 여자기(brushless exciter)가 있다. 이 방식은 동기발전기의 축단에 필요한 용량의 회전 전기자형의 교류발전기를 사용하고 이 발생된 교류를 회전자상에 설치된 반도체 정류기로 정류하여 계자권선에 공급하는 방식을 일컫는다.

여자기의 용량은 발전기의 용량에 따라 각기 다른 규모를 갖는데 이를 간단하게 정리하면, 대용량기의 발전기의 경우(100,000[kVA]급), 여자기의 용량은 발전기 용량의 0.5 ~0.7[%]이며, 중용량기의 발전기의 경우(15,000[kVA]급), 여자기의 용량은 발전기 용량의 1[%]이고, 소용량기의 발전기의 경우(20,000[kVA]급 이하), 여자기의 용량은 발전기 용량의 1.5[%]이다.

4.2 동기발전기의 권선 및 유기기전력 (Winding & EMF of Synchronous Generator)

4.2.1 동기발전기의 분포권 계수 & 단절권 계수

전기자 권선의 감는 방법을 기준으로 분류하면 중권, 파권 및 쇄권이 있으며 중권과 파권은 이미 직류기에서 배운 바 있으며 쇄권은 그림 4-3 (c)와 같은 권선법이다. 동기기에서는 일반적으로 중권을 쓰며 쇄권은 고압의 기계에 사용되고 특수한 경우외에 사용하지 못한다. 또한 파권은 거의 사용되지 않는다. 비철극인 경우 단층권의 쇄권을 사용하는데, 이는 계자 권선은 공극의 자속 분포가 정현파에 가깝게 되도록 하기 위함이다. 또한 단층권은 전기자 철심의 1개의 슬롯에 코일변 1개를 넣은 것이고, 이층권은 전기자 철심의 1개의 슬롯에 코일변 2개를 포개어 넣은 것으로 동기기에서는 주로 2층권이 사용된다

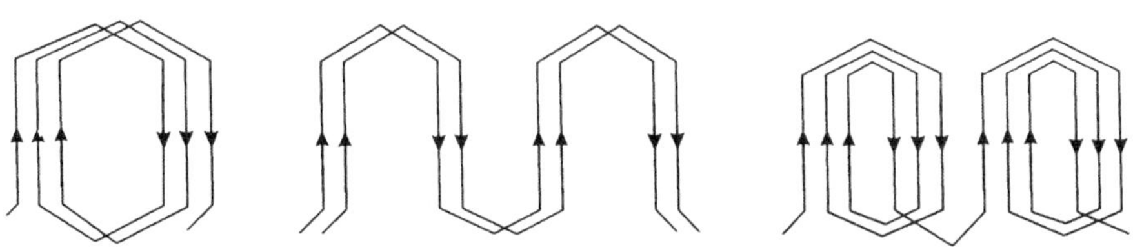

(a) 중권 (b) 파권 (c) 쇄권

그림 4-3 전기자 권선법의 종류

동기기의 전기자에 중권을 주로 사용한다는 점을 감안하여 이제 중권의 형태 안에서 그 구조를 다시 분류해보자. 중권을 분류함에 있어 제시하고자 하는 것은 집중권과 분포권이다. 1극 1상의 코일이 차지하는 슬롯수(홈수)가 1개인 권선을 집중권(Concentrated winding), 1극 1상의 코일이 차지하는 슬롯수(홈수)가 2개 이상인 권선을 분포권(Distributed winding)이라 한다. 분포권의 장단점을 정리하면 다음과 같다.

(1) 장 점

① 기전력의 파형이 좋아진다.

② 권선의 누설리액턴스가 감소

③ 전기자에 발생되는 열을 골고루 분포시켜 과열을 방지

(2) 단 점

① 집중권에 비해 합성 유기 기전력이 감소

(a) (b)

그림 4-4 집중권과 분포권의 비교

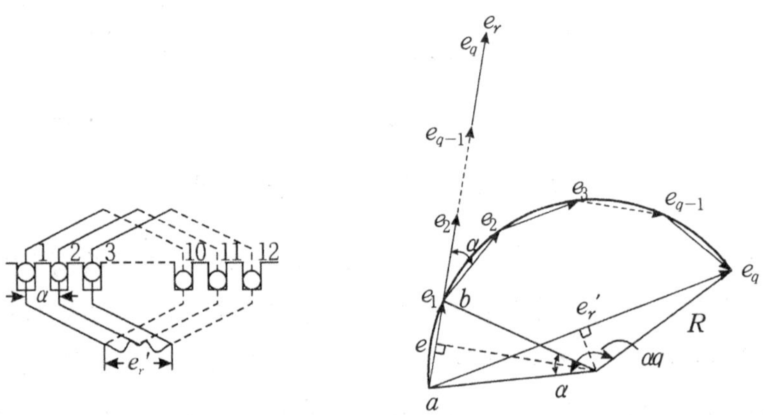

(a) (b)

그림 4-5 분포권의 벡터도

이제 동기발전기에서 사용하는 분포권의 유기 기전력에 대한 특성을 살펴보자. 분포권인 경우, 1극 1상에 직렬로 접속된 q개의 권선이 q개의 홈에 분포되어 있다. 즉 q는 매극 매상당 슬롯 수를 의미하며 이는 수식으로 표현하면 아래와 같

다.

$$\text{매극 매상 당 슬롯 수 } q = \frac{\text{총 슬롯 수}}{\text{상수}\times\text{극수}} \quad (4\text{-}2)$$

각 홈에 있는 권선마다의 유기 기전력은 크기는 같지만 q개의 홈에 분포권에는 α의 위상차를 갖는 유기기전력이 각각 발생되게 된다. 이 유기기전력들은 α만큼의 위상차를 가지고 있으므로 이들의 합성 기전력은 그림 4-5에서의 e_r'과 같이 위상을 반영한 벡터합으로 구해야 한다. 반면, q개의 권선이 1개의 홈에 있는 집중권인 경우의 각 권선의 유기 기전력은 크기가 같고 기전력 사이에는 위상차가 없으므로 각 권선의 유기 기전력들의 산술합(e_r)이 된다. 집중권과 분포권의 합성 기전력을 각각 벡터도로 나타낸 것을 그림 4-5에서 확인할 수 있다. 이때 집중권의 합성 유기 기전력 e_r에 대한 분포권의 합성 유기 기전력 e_r'의 비율을 분포계수라 한다.

$$K_d = \frac{e_r'}{e_r} = \frac{2\times\frac{e_r'}{2}}{q\times e} = \frac{2\times\left(R\sin\frac{\alpha q}{2}\right)}{q\times 2\times\left(R\sin\frac{\alpha}{2}\right)} = \frac{\sin\frac{\pi}{2m}}{q\sin\frac{\pi}{2mq}} \quad (4\text{-}3)$$

여기서, 1극 1상의 홈수를 q, 상수를 m이라 하면 홈과 홈 사이의 위상차 α는 다음과 같이 나타낼 수 있다. 한편, 3상 발전기에서 q는 보통 3~7 정도이다.

$$\alpha = \frac{\pi}{mq}\,[\text{rad}] \quad (4\text{-}4)$$

또한, $e_r = q\times e$이며 e_r'의 벡터는 원에 내접하는 정다각형의 일부이므로 원의 반경을 R, 한 권선의 기전력을 e로 보고 유도하면 식 (4-3)과 같이 분포계수를 구할 수 있다.

권선절과 극절이 같은 것을 전절권(full pitch winding), 권선절이 극절보다 작은 것을 단절권(short pitch winding)이라 하며 동기기는 단절권을 주로 사용하는데, 단절권의 특징을 설명하면 다음과 같다.

① 고조파를 제거하여 기전력의 파형을 개선함.

② 코일 단부가 짧게 되어 기계 전체 길이가 축소되어 동의 양이 적게 되는 이점이 있어 동기기에서는 단절권을 채택한다.

③ 전절권에 비해 합성 유기기전력이 감소

④ 단절권 계수 K_p

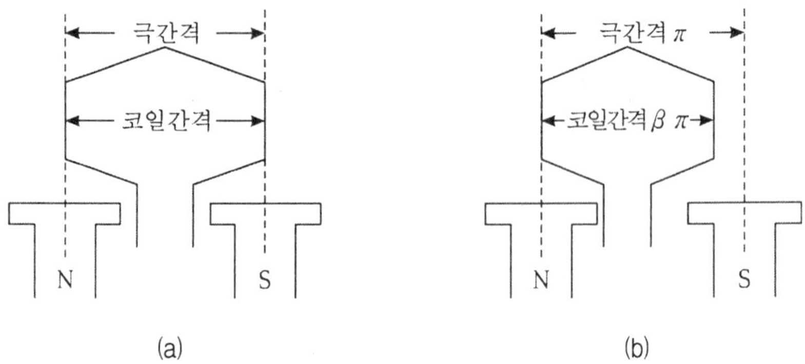

그림 4-6 전절권(a)과 단절권(b)의 비교

그림 4-6에서 권선절(코일간격)이 극절(극간격)과 같은 전절권의 경우는 한 권선에 있는 양 권선변의 유기 기전력의 위상차는 π[rad]가 된다.

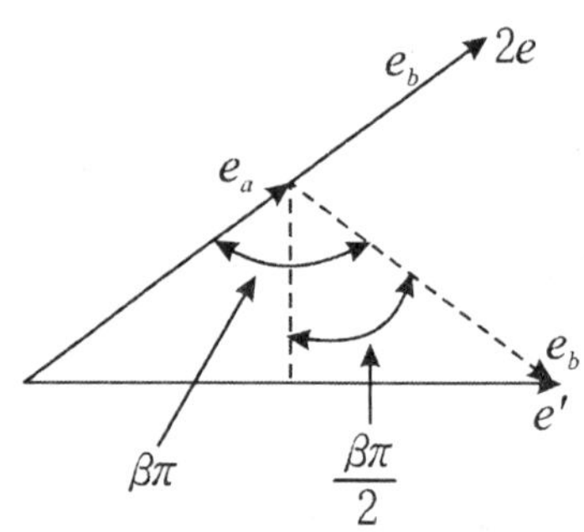

그림 4-7 단절권의 벡터도

$$K_p = \frac{e'}{e_a + e_b} = \frac{e'}{2e} = \sin\frac{\beta\pi}{2} \tag{4-5}$$

$$\beta = \frac{\text{권선 간격}}{\text{자극 간격}} \tag{4-6}$$

그림 4-7에서 보는 바와 같이 단절권에서 권선절과 극절의 비율을 β라 하자. 양 권선 a, b에서 발생하는 각각의 유기 기전력 e_a와 e_b 사이에는 그림 4-7과 같이 $(1-\beta)\pi$ 만큼의 위상차가 생기므로 권선의 양단에 나타나는 합성 유기 기

전력 e'는 e_a와 e_b의 벡터합이 된다. 표 4-1은 기본파에 대한 β와 K_p의 값을 나타낸 것이다.

표 4-1 단절 계수값

β	1.0	17/18	14/15	11/12	8/9	13/15	5/6	12/15	7/9	9/12	11/15
K_p	1.0	0.996	0.995	0.991	0.985	0.978	0.966	0.951	0.940	0.924	0.914

동기발전기의 전기자 권선은 대부분 Y결선으로 하는데, 그 이유는 아래와 같이 정리할 수 있다.

① 중성점을 접지할 수 있어, 권선보호 장치의 시설이 용이
② 이상전압의 방지 대책이 용이
③ 권선의 불평형 및 제3고조파에 의한 순환전류가 흐르지 않는다.
④ 상전압은 선간 전압의 $1/\sqrt{3}$이 되어 코일의 절연이 용이하고 코로나 발생을 억제

또한 동기발전기의 고조파 기전력을 제거하여 정현파로 출력을 개선하기 위해 채용되는 권선법의 선택 방법을 정리하면 아래와 같다.

① 매극 매상의 슬롯수 q를 크게 한다.
② 부정수(不整數) 슬롯권을 채용한다.
③ 단절권 및 분포권으로 한다.
④ 반폐 슬롯을 사용한다.
⑤ 전기자 철심을 사(skewed slot) 슬롯으로 한다.
⑥ 공극의 길이를 크게 한다.
⑦ Y(성형)결선을 한다.

4.2.2 동기발전기의 유기기전력

자속밀도 B, 도체의 길이 L, 도체의 속도 v를 가정하면, 1개의 도체에 유기되는 기전력의 순시치는 아래와 같이 나타낼 수 있다.

$$e = BLv[\mathrm{V}] \tag{4-7}$$

1상에 직렬로 접속된 권선의 권수가 n이라면 1상의 권선에서 발생하는 유기

기전력은 아래와 같이 전개할 수 있다.

$$e = -n\frac{d\phi}{dt} = -n \cdot \frac{d\phi}{d(\omega t)} \cdot \frac{d(\omega t)}{dt} = -n\frac{d(\Phi\cos\omega t)}{d(\omega t)} \cdot \frac{d(\omega t)}{dt}$$

$$= \omega n\Phi\sin\omega t = 2\pi fn\Phi\sin\omega t = E_m\sin\omega t[\mathrm{V}] \quad (4\text{-}8)$$

이 되므로 실효값 E는 다음과 같이 된다.

$$E = \frac{E_m}{\sqrt{2}} = \frac{2\pi fn\Phi}{\sqrt{2}} \fallingdotseq 4.44fn\Phi\,[\mathrm{V}] \quad (4\text{-}9)$$

앞서 살펴본 분포권, 단절권의 기전력은

$$E = 4.44fK_dK_pn\Phi = 4.44fK_wn\Phi[\mathrm{V}] \quad (4\text{-}10)$$

으로 $K_w = K_d \cdot K_p$를 권선 계수라 한다.

아래의 식은 기본파에 대한 것으로 n고조파에 대한 분포 계수와 단절 계수는 다음과 같이 된다.

$$K_{dn} = \frac{\sin\dfrac{n\pi}{2m}}{q\sin\dfrac{n\pi}{2mq}}, \quad K_{pn} = \sin\frac{\beta n\pi}{2} \quad (4\text{-}11)$$

식 (4-3)은 기본파 기전력이고 고조파 기전력은 K_w에 $K_{wn} = K_{dn}K_{pn}$를 대입하고 Φ에 고조파 자속 Φ_n을 대입하여 다음과 같이 나타낼 수 있다.

$$E_n = 4.44f\,k_{dn}k_{pn}\,n\,\Phi_n = 4.44fk_{wn}\,n\,\Phi_n[\mathrm{V}] \quad (4\text{-}12)$$

그런데, 1개의 도체에 유기되는 기전력의 순시치 e를 나타낸 식 (4-7)을 고려하면 속도 $v = \pi D\frac{N}{60}$ [m/s]를 $N = \frac{120f}{p}$ [rpm]를 이용하여 정리하면,

$$v = 2\pi D \cdot \frac{f}{p}\,[\mathrm{m/s}]$$

$$\therefore e = 2f\frac{\pi DL \cdot B}{p}\,[\mathrm{V}]$$

이 된다.

■ 예제 4-1 ■

극수 20, 2층 중권, 홈수 180, 한 홈의 도체수 10, 권선절 8홈, 2중 Y결선, 주파수 60[Hz]인 3상 교류발전기가 있다. 선간 전압 3300[V]의 기전력을 발생하는데 필요한 극당 자속은 얼마인가?

풀이 1상의 권수 n과 매극 매상의 홈 q은 아래와 같다.

$$n = \frac{180\times10}{2\times3\times2} = 150$$

$$q = 180/(3\times20) = 3$$

따라서 분포 계수 $k_d = \dfrac{\sin\dfrac{\pi}{2m}}{q\sin\dfrac{\pi}{2mq}} = \dfrac{\sin\dfrac{\pi}{2\times3}}{3\sin\dfrac{\pi}{2\times3\times3}} \fallingdotseq 0.96$

극절은 180/20=9이고 권선절은 8이므로 $\beta=8/9$ 인 단절권이다.

단절 계수 $k_p = \sin\dfrac{\beta\pi}{2} = \sin\dfrac{8\pi}{18} \fallingdotseq 0.98$

상전압 $E=3300/\sqrt{3}$ 을 발생하는데 필요한 자속 Φ은 다음과 같다.

$$\Phi = \frac{E}{4.44fnK_dK_p} = \frac{3300/\sqrt{3}}{4.44\times60\times150\times0.98\times0.96} \fallingdotseq 0.051\,[\mathrm{Wb}]$$

■ 예제 4-2 ■

60[Hz], 300[rpm]이고, 216개의 슬롯을 갖는 3상 교류발전기에서 기본파의 대한 분포계수는 얼마인가?

풀이 극수는 $p = \dfrac{120f}{N_s} = 120\dfrac{120\times60}{300} = 24$극

상수를 $m=3$매극 매상의 슬롯수를 $q = \dfrac{\text{슬롯수}}{\text{극수}\times\text{상수}} = \dfrac{216}{24\times3} = 3$

분포 계수 $k_d = \dfrac{\sin\dfrac{\pi}{2m}}{q\sin\dfrac{\pi}{2mq}} = \dfrac{\sin\dfrac{\pi}{2\times3}}{3\sin\dfrac{\pi}{2\times3\times3}} \fallingdotseq 0.96$

■ 예제 4-3 ■

슬롯수가 60인 고정자가 있다. 여기에 3상 4극의 2층권을 시행할 때에 매극 매상의 슬롯수와 총 코일수는?

풀이 매극 매상의 슬롯수를 $q = \dfrac{\text{슬롯수}}{\text{극수}\times\text{상수}} = \dfrac{60}{3\times4} = 5$

$$총\ 코일수 = \frac{총\ 도체수}{2} = \frac{총\ 슬롯수 \times 층수}{2} = \frac{60 \times 2}{2} = 60$$

▌예제 4-4▐

동기발전기의 전기자 권선을 단절권으로 하는 이유는?

풀이 고조파를 제거함으로써 기전력의 파형을 좋게 하기 위함이다.

▌예제 4-5▐

6극 슬롯수 54의 동기기가 있다. 전기자 코일은 제1슬롯과 제9슬롯에 연결된다고 한다. 기본파에 대한 단절계수를 구하시오.

풀이 코일 간격 $= 9 - 1 = 8$

극 간격 $= \frac{s}{p} = \frac{54}{6} = 9$

$$\beta = \frac{코일간격}{극간격} = \frac{8}{9}$$

단절권 계수 $K_p = \sin\frac{\beta\pi}{2} = \sin\left(\frac{8}{9} \times \frac{\pi}{2}\right) = 0.985$

▌예제 4-6▐

3상 동기발전기에서 권선간격과 자극간격의 비를 $\frac{13}{15}$의 단절권으로 하였을 경우의 단절권 계수를 구하라

풀이 단절권 계수 $K_p = \sin\frac{\beta\pi}{2} = \sin\left(\frac{13}{15} \times \frac{\pi}{2}\right) = \sin\frac{13}{30}\pi$

▌예제 4-7▐

3상 동기발전기의 각 상의 유기 기전력 중에서 5고조파를 제거하려면 권선계수를 어떻게 하면 되는가?

풀이 단절 계수는 코일 간격/극 간격으로 나타낼 수 있다. 5고조파에 대해 구하려면 아래와 같이 정하면 된다.

$$K_{5p} = \sin\frac{5\beta\pi}{2}$$

그러므로 5고조파를 제거하기 위해서는 $K_{5p} = 0$이 되어야 하므로

$\beta = 0,\ 0.4,\ 0.8,\ 1.2,\ \cdots$로 추려질 수 있다.

그러나 이 중에서 1보다 작으면서도 근사치인 0.8이 제일 적당하다.

예제 4-8

동기기의 전기자 권선법은?

풀이 일반적으로 분포권, 단절권, 중권 및 2층권을 사용한다.

예제 4-9

동기기의 분포권에 대해 설명하라.

풀이 동기발전기에서 기전력의 파형을 좋게하고 누설 리액턴스를 감소시키기 위하여 채택한 권선법이다.

예제 4-10

4극, 60[Hz]의 3상 동기발전기가 있다. 회전자의 속도로 직선속도로 환산하여 100[m/s] 이하로 하려면 회전자의 최대 지름을 몇 [m]로 하여야 하겠는가?

풀이 $n = \frac{2f}{p} = \frac{2\times60}{4} = 30$[rps]이고, $v = \pi D\frac{N}{60} = \pi Dn$[m/s]인 점을 감안하면,

$$D = \frac{v}{\pi n} = \frac{100}{\pi\times30} = 1.061$$

예제 4-11

자속 밀도를 0.6[Wb/m²], 도체의 길이를 0.3[m], 속도를 12[m/s]라 할 때, 도체 양단에 유기되는 기전력은?

풀이 $e = BLv = 0.6\times0.3\times12 = 2.16$[V]

4.3 동기발전기의 출력과 전기자 반작용 (Output power & Armature Reaction of Synchronous Generator)

4.3.1 동기발전기의 출력

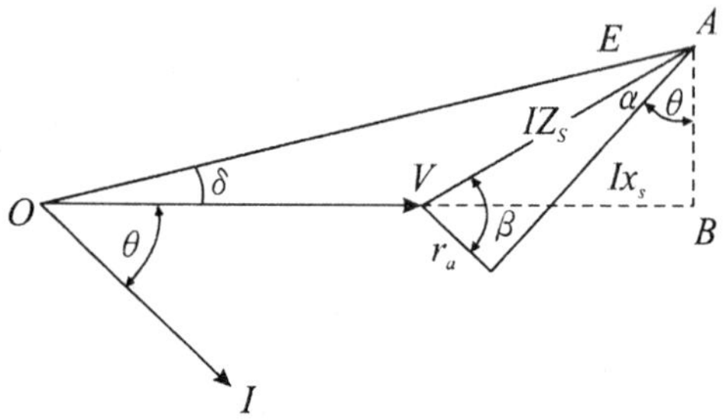

그림 4-8 비철극기의 벡터도

그림 4-8은 비철극기의 벡터도이다. 우선 비철극기(원통형)의 출력에 대해 알아보자. 우선, 발전기 1상의 출력 P는 다음과 같이 나타낼 수 있다.

$$P = VI\cos\theta \fallingdotseq \frac{EV}{x_s}\sin\delta[\mathrm{W}] \tag{4-13}$$

윗 수식에서 보는 바와 같이, 수식의 우측으로 근사화 된 비돌극기(원통형)의 출력은 단자전압과 기전력의 위상차인 부하각 δ 에 따라 그 값이 바뀌는 것으로 귀결되어 표현되는데, 과정을 살펴보자. 그림 4-8의 벡터도에서 ΔOAB의 $\overline{AB}$와 $\overline{OB}$는

$$\overline{AB} = IZ_s\cos(\theta + \alpha) = E\sin\delta$$

$$\overline{OB} = V + IZ_s\sin(\theta + \alpha) = E\cos\delta \rightarrow IZ_s\sin(\theta + \alpha) = E\cos\delta - V$$

으로 삼각 함수의 가법 정리를 적용하면 다음과 같이 된다.

$$IZ_s\cos(\theta + \alpha) = IZ_s(\cos\theta\cos\alpha - \sin\theta\sin\alpha) = E\sin\delta$$

$$IZ_s\sin(\theta + \alpha) = IZ_s(\sin\theta\cos\alpha + \cos\theta\sin\alpha) = E\cos\delta - V$$

위의 식에 각각 $\cos\alpha$와 $\sin\alpha$를 곱하여 더하고

$$IZ_s\cos\theta(\cos^2\alpha+\sin^2\alpha)=E\sin\delta\cos\alpha+(E\cos\delta-V)\sin\alpha$$

으로 $I\cos\theta$에 대하여 정리하면

$$I\cos\theta=\frac{E\sin(\delta+\alpha)-V\sin\alpha}{Z_s} \tag{4-14}$$

와 같이 $I\cos\theta$이 도출되므로 이를 식 (4-13)에 대입하여 다음과 같은 출력식을 얻을 수 있다.

$$P=VI\cos\theta=\frac{EV}{Z_s}\sin(\delta+\alpha)-\frac{V^2}{Z_s}\sin\alpha \tag{4-15}$$

전기자 권선의 저항은 누설 리액턴스에 비하여 매우 적으므로 식 (4-15)에서의 임피던스는 $Z_s \fallingdotseq x_s$이 되고, $\alpha \fallingdotseq 0$이라 하면 식 (4-15)의 우측항의 $\sin\alpha$는 0이 되어 다음과 같은 간단한 출력식을 얻을 수 있다.

$$P\fallingdotseq\frac{EV}{x_s}\sin\delta[\mathrm{W}] \tag{4-16}$$

따라서 <u>비철극기의 출력</u>은 대략 부하각에 따라 sin파형의 궤적을 가지며, 출력은 <u>$\delta=90°$에서 최대</u>가 된다.

또한, 3상 발전기의 출력을 윗 식을 이용하여 다시 나타내면 아래와 같다.

$$P\fallingdotseq\frac{3EV}{x_s}\sin\delta$$

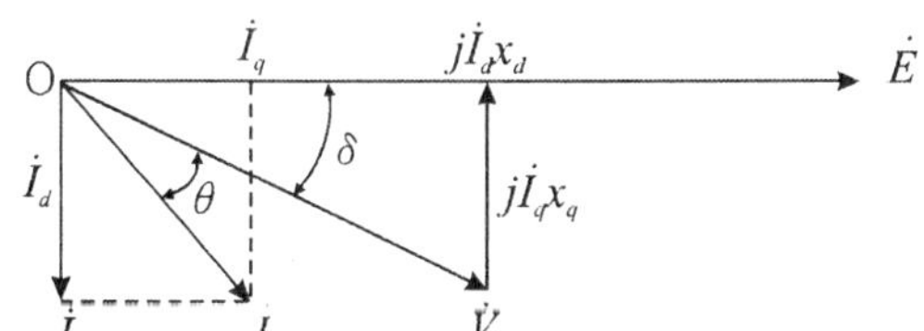

그림 4-9 철극기의 벡터도

그림 4-9는 비철극기의 벡터도인 그림 4-8에서 전기자 저항 r_a를 무시하고 제거한 벡터도로 <u>철극 발전기 1상의 출력 P는</u>

$$P = VI_q \cos\delta + VI_d \sin\delta = \frac{EV}{x_d}\sin\delta + \frac{V^2(x_d - x_q)}{2x_d x_q}\sin 2\delta \text{[W]} \quad (4\text{-}17)$$

이 되고 그림 4-9의 벡터도에서

$$V\cos\delta = E - I_d x_d, \quad V\sin\delta = I_q x_q$$

으로 나타나고, 전류 I_d와 I_q에 대하여 위의 각 식을 정리하면 다음과 같다.

$$I_d = \frac{E - V\cos\delta}{x_d}, \quad I_q = \frac{V\sin\delta}{x_q} \quad (4\text{-}18)$$

식 (4-17)에 (4-18)에서 구한 I_d, I_q를 대입해 정리하면 다음과 같은 철극기의 출력식 (4-19)을 얻을 수 있다.

$$P = V\cos\delta \cdot \frac{V\sin\delta}{x_q} + V\sin\delta \cdot \frac{E - V\cos\delta}{x_d}$$

$$= \frac{V^2}{x_q}\sin\delta \cdot \cos\delta + \frac{VE\sin\delta}{x_d} - \frac{V^2\sin\delta\cos\delta}{x_d}$$

$$= \frac{EV\sin\delta}{x_d} + \frac{V^2(x_d - x_q)}{x_q x_d}\sin\delta\cos\delta$$

$$= \frac{EV}{x_d}\sin\delta + \frac{V^2(x_d - x_q)}{2x_d x_q}\sin 2\delta \text{[W]} \quad (4\text{-}19)$$

식 (4-19)의 E와 V를 일정하게 하고 δ를 변화시켰을 때 출력 P는 그림 4-10과 같다.

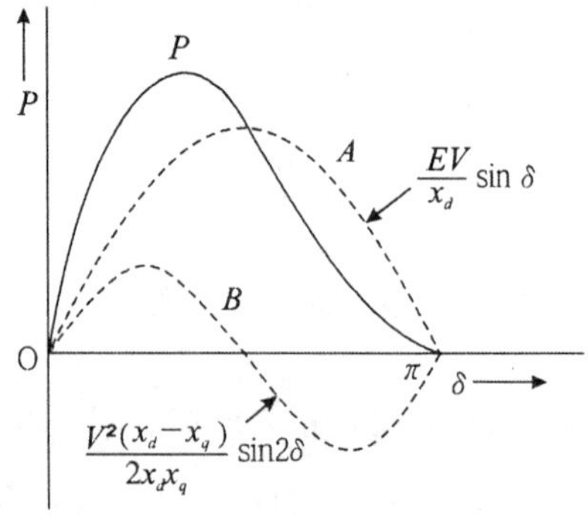

그림 4-10 철극기의 부하각과 출력

그림 4-10에서 점선으로 표현된 곡선 A는 식 (4-19)의 첫 번째 항인 $\frac{EV}{x_d}\sin\delta$을 의미하고, 역시 점선으로 표현된 곡선 B는 두 번째 항인 $\frac{V^2(x_d-x_q)}{2x_dx_q}\sin\delta$을 표시한다. 대체로 $\delta=60°$ 부근에서 최대 출력이 되고 정격 부하일 때, δ는 20° 부근이 된다.

4.3.2 동기발전기의 전기자 반작용

동기발전기의 회전 자계를 설명하기 위해 v는 주변 속도로 전기자의 직경을 D [m], 회전 속도를 N[rps]이라 하면 $v=\pi DN$ [m/s]이고, 극수를 P라 하면 극절은 $\tau=\pi D/P$ [m]이며 각속도 $\omega=2\pi f$이므로 이들을 조합하여 N에 대하여 정리하면

$$n=\frac{2f}{P}\,[\text{rps}] \tag{4-20}$$

으로 합성 기자력은 동기 속도로 회전하는 회전 자계임을 알 수 있다.

이 회전 자계의 대부분은 계자 기자력에 영향을 주는 전기자 반작용으로 작용하며 일부는 전기자 권선에만 지나가는 누설 자속이 된다.

동기발전기의 출력에 사용하는 에너지가 없는 무부하일 때 계자 전류가 일정한 값을 가지게 되면 공극의 자속 Φ는 일정한 값을 갖고, 그러므로 기전력 E도 일정하다. 그러나 부하가 접속되어 전기자 권선에 전류가 흐르게 되어 에너지가 사용되면, 전기자 권선에서 자속이 발생하게 되고 발생된 전기자의 자속이 계자 자속에 영향을 주어 공극의 자속 분포가 변하므로 유기 기전력의 값도 변하게 된다.

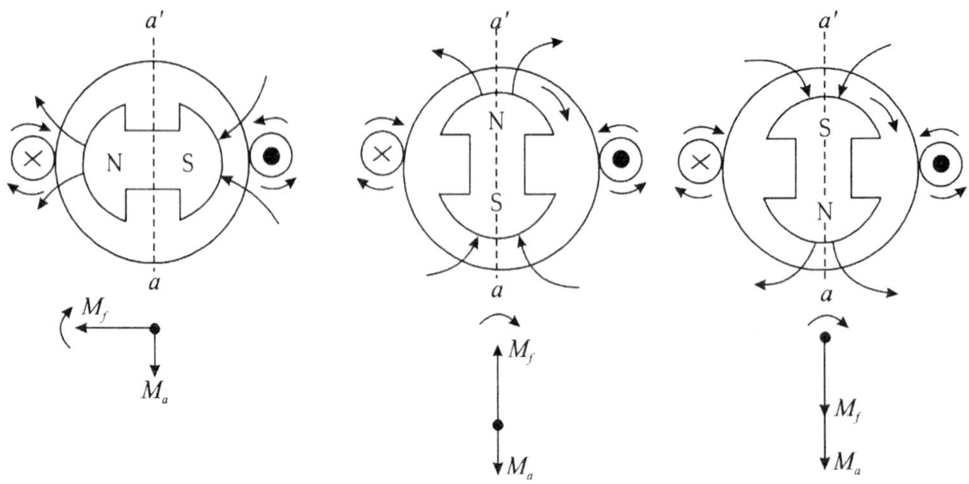

(a) p.f=1(횡축반작용)　　(b) p.f=0(lag)(직축반작용)　　(c) p.f=0(lead)(직축반작용)

그림 4-11 전기자 반작용

역률	p.f=1	p.f=0(lag)	p.f=0(lead)
작용	횡축반작용	직축반작용	
	교차자화작용	감자작용	증자작용
부하	저항	유도성부하	용량성 부하
전류 전압 위상	I_a와 E가 동위상	I_a가 E보다 뒤짐	I_a가 E보다 앞섬

이미 우리는 직류기에서 전기자 반작용에 대해서 배운바 있으며 그와 같이 전기자 권선에서 발생한 자속 중에서 공극의 자속 분포에 영향을 주는 현상을 전기자 반작용이라 하며 동기발전기에서는 발생한 전기자 반작용에 의해 역시 전기자 전류의 크기, 권선의 분포, 자기 회로의 자기 저항에 따라 다를 뿐 아니라 부하 역률에 따라서도 작용이 다르게 된다.

부하 역률이 1인 경우를 생각해보자. 만일 회전자계에 의해 발생되는 동기발전기의 유기기전력과 이 유기기전력과 부하의 성질에 의해 결정되는 전기자 전류의 위상이 동일한 경우, 즉 부하 역률 1을 생각해 보자. 그림 4-11에 표시된 도체는 전기자 도체 중에서 최대 전류가 흐르는 도체를 나타낸 것이다. 그림 4-11 (a)는 자극의 중심과 도체 바로 마주보고 있는 경우로, 도체의 최근접 위치를 지나는 자속은 최대가 되어 도체에 발생하는 기전력이 최대가 되므로 이때, 도체에 최대 전류가 흐른다면 기전력과 전류는 동 위상이 되어 역률이 1인 경우를 표현한 것이다.

한편 이 경우에 전기자 권선에서 발생한 자속은 그 축을 $a-a'$로 가지게 되는데 그림에서 보여 주는 것과 같이 회전계자, 즉 NS극에서의 주자속과는 수직의 분포를 가지므로 자극의 한 쪽 끝에서는 자속을 증가시키고 다른 쪽에서는 자속이 감소하여 자속 분포는 왜형파가 된다. 이 때의 전기자 반작용은 자극의 축과 90° 방향, 즉 횡축 방향으로 작용하므로 횡축 반작용 또는 두 자축이 90°로 교차한다고 하여 교차 자화 작용이라 한다.

계자가 그림 4-11 (a)에서 회전 방향으로 90° 회전한 경우가 그림 4-11 (b)로 최대 기전력을 발생시킬 수 있는 회전자의 전자석의 위치가 최대 전류가 흐르는 전기자의 위치보다 회전 방향으로 90° 앞서 있으므로 전류가 유기기전력보다 뒤처지는 지역률인 경우이다. 이 때의 전기자 반작용은 즉 전기자에 의해 발생한 자속의 방향은 현재 전자석 자극의 축과 일치하므로 직축 반작용이라 하며 그림에서 알 수 있는 것과 같이 전기자 자속은 계자 자속(주자속)과 반대방향이기 때문에 주자속을 감소시키므로 감자 작용이라고도 한다.

그림 4-11 (c)는 계자가 그림 (a)의 위치에 오기 전의 상태로, 전기자에 최대 기전력을 발생시키는 전자석 계자의 위치가 전기자에 최대 전류가 흐르는 전기자의 위치보다 회전 방향으로 90° 뒤처져 있으므로 전류가 유기기전력보다 앞서는 진역률인 경우이다. 이 때도 전기자 반작용은 즉, 전기자에 의해 발생한 자속의 방향은 현재 전자석 자극의 축과 일치하여 직축 반작용라 하며 그림과 같이 전기자 자속은 계자 자속(주자속)과 같은 방향이기 때문에 주자속을 증가시키므로 증자 작용 또는 자화 작용이라고도 한다.

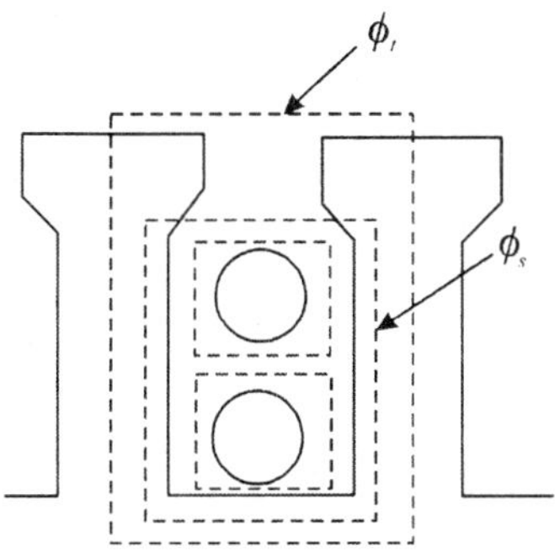

그림 4-12 전기자 누설 자속

전기자 기자력에 의하여 생기는 자속에는 전기자 반작용으로 작용하여 주자속에 영향을 주는 경우도 있으나, 전기자 반작용에서 작용하는 자속 이외에 전기자 권선을 지나가지 않거나 계자 권선을 지나가지 않는 자속과 유기 기전력의 기본파에 영향을 주지 않는 자속을 전기자 누설 자속이라 한다. 이 누설 자속에 의한 리액턴스를 전기자 누설 리액턴스라 한다. 그림 4-12는 전기자 누설 자속의 종류를 나타낸 것이다.

예제 4-12

450[kVA], 역률 0.85, 효율 0.9되는 동기발전기 운전용 원동기의 입력[kW]은 어떠한 값인가? 단, 원동기의 효율은 0.88이다.

풀이 발전기의 출력 $P_0 = P_a \cos\theta = 450 \times 0.85 = 382.5$[kW]

발전기의 입력 $P_i = \dfrac{P_0}{\eta_g} = \dfrac{382.5}{0.9} = 425$[kW]

발전기의 입력과 원동기의 출력은 같으므로,

원동기의 입력 $P = \dfrac{P_i}{\eta_t} = \dfrac{425}{0.88} = 482.95$[kW]

예제 4-13

동기 리액턴스 $x_s = 20$[Ω], 전기자 권선 저항 $r_a = 0.1$[Ω], 유도 기전력 $E = 6400$[V], 단자 전압 $V = 4000$[V], 부하각 $\delta = 30°$이다. 3상 동기발전기의 출력[kW]은? 단, 1상 값이다.

풀이 $P = \dfrac{EV}{x_s}\sin\delta = \dfrac{6400 \times 4000}{20} \times \sin 30 \times 10^{-3} = 640$[kW]

예제 4-14

동기기의 최대 출력은 부하각 몇 도에서 발생하는가? 단, 비돌극기인 경우이다.

풀이 동기기의 출력은 $P = \dfrac{EV}{Z_s}\sin\delta$로 나타낼 수 있고, δ가 90°일 때 최대가 된다.

예제 4-15

돌극형 동기발전기의 최대 출력은 부하각 몇 °부근일 때 최대가 될까?

풀이 돌극기 최대 출력의 출력각은 60°

비돌극기 최대 출력의 출력각은 90°

예제 4-16

전기자 전류를 I, 또, 역률이 $\cos\theta$인 철극형 동기발전기에서 횡축 반작용을 하는 전류성분은 어느것인가?

풀이 횡축 반작용에 해당하는 성분은 $I\cos\theta$

예제 4-17

동기발전기에서 전기자 전류를 I라 하였을 때, 유기 기전력과 전기자 전류와의 위상각을 θ라 표현하면 직축 반작용에 해당하는 성분은 무엇인가?

풀이 직축 반작용에 해당하는 성분은 $I\sin\theta$

4.4 동기발전기의 특성 (Properties of Synchronous Generator)

4.4.1 동기발전기의 특성곡선

동기발전기의 특성을 알 수 있도록 제시되는 특성곡선 중 무부하 특성곡선이 있다. 무부하 특성곡선은 간단히 말해 무부하시 유기기전력과 계자전류와의 관계곡선을 의미한다. 이미 앞에서 배운 동기발전기가 정격 속도에서 무부하로 운전하는 경우에 동기발전기의 유기 기전력은 식 $E=4.44k_w fn\Phi$ 이며, 이는 자속 Φ에 비례한다.

이 곡선은 전압이 낮은 부분에서는 유기 기전력이 계자 전류에 비례하여 증가하지만 전압이 높아짐에 따라 철심의 자기 포화로 자기 저항이 증가하여 일정한 기전력을 발생하는데 이는 우리가 익히 잘 알고 있는 히스테리시스 곡선의 자기 포화곡선과 비슷한 양상을 갖는다. 그림 4-13의 OM과 같은 무부하 포화 곡선이 된다. 이 그림에서 $\overline{OF}$는 무부하 포화 곡선의 직선부를 연장한 직선으로 공극선이라 하며 자여자 직류발전기의 임계 저항선과 같은 것이다. 그림 4-13에서 점 a가 정격 전압일 때

$$\sigma = \frac{\overline{bc}}{\overline{ab}} \tag{4-21}$$

를 포화율이라 하여 철심의 자기 포화의 정도를 나타낸다.

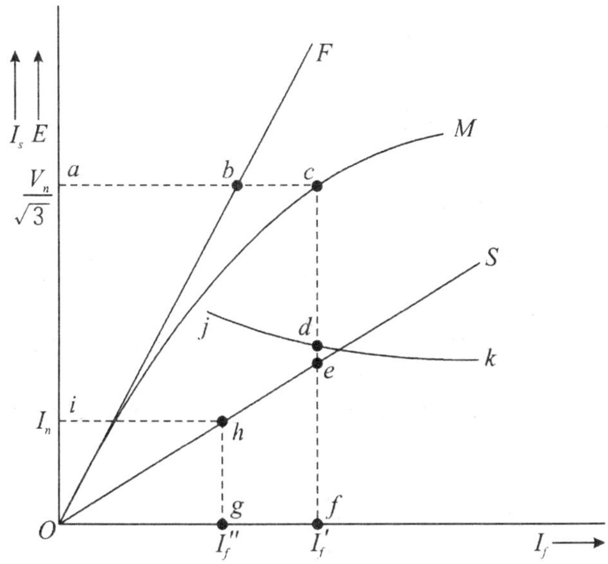

그림 4-13 동기발전기의 특성 곡선

동기발전기의 중성점을 제외한 전 단자를 단락하고 동기발전기가 정격 속도로 회전하고 있을 때 계자 전류 I_f를 O에서 서서히 증가시키는 경우에, 단락 전류 I_s와 I_f의 관계 곡선을 단락 곡선이라 하며 그림 4-13의 곡선 OS는 이것을 나타낸 것으로 3상 단락 곡선(혹은 단락 곡선)이라 부르고 거의 직선이다.

이 외에도 무부하 포화곡선과 비슷한 추이를 보이지만 더 계자전류를 요구할 수 밖에 없는 전부하 포화곡선, 그리고 외부 특성곡선 등의 특성곡선이 더 있지만 교재에서는 생략한다. 이 곡선들의 형상에 대해서는 추가적으로 알아보길 바란다.

4.4.2 동기발전기의 동기 임피던스

비철극 동기 발전기의 1상에 대하여 계자 자속, 전압 및 전류의 발생과 상관 관계를 설명하는데 사용되는 벡터도를 표시한 것이 그림 4-14의 potier 벡터도이다. 동기발전기의 등가회로와 함께 이 potier 벡터도를 해석하여 간략화 한 벡터도가 그림 4-14의 우측에 나타낸 비철극형의 벡터도이다.

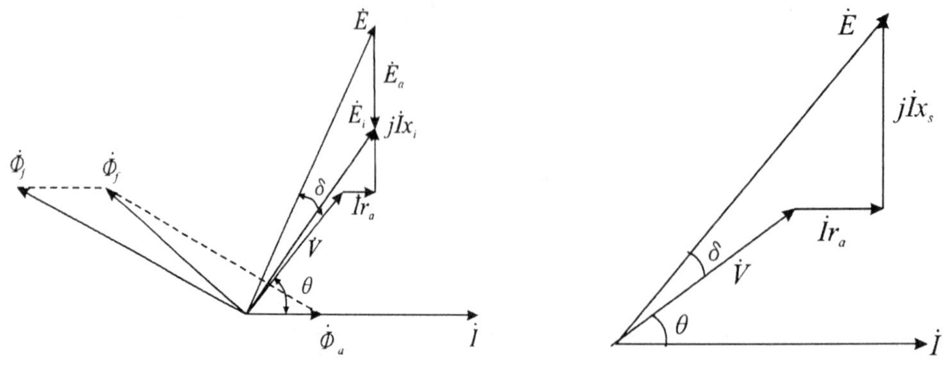

그림 4-14 동기발전기의 potier 벡터도 & 비철극형의 벡터도

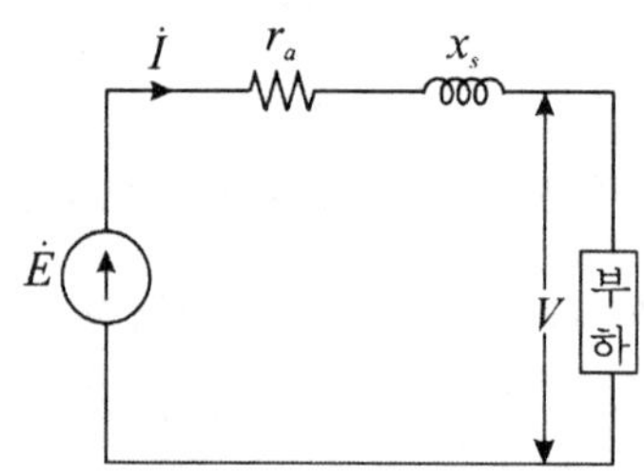

그림 4-15 동기발전기의 등가 회로

그림 4-14의 potier 벡터도를 우선 살펴보자. ① 전기자 권선에 계자 자속 $\dot{\Phi}_f$가 지나가면 ② 이 자속 $\dot{\Phi}_f$보다 90° 뒤진 위상의 기전력 $\dot{E}$가 전기자 권선에 발생하므로 ③ 기전력이 발생한 발전기에 부하를 접속하면 ④ 전기자 권선에 부하 전류 $\dot{I}$가 흘러서 ⑤ 전기자 권선에 부하 전류 I와 위상이 같은 자속 $\dot{\Phi}_a$가 발생한다. ⑥ 자속 $\dot{\Phi}_a$가 전기자 권선을 지나가면 전기자 권선에 $\dot{\Phi}_a$보다 90° 뒤진 기전력 $\dot{E}_a$가 발생하므로 부하가 접속되었을 때, 전기자 권선에서 발생하는 기전력 $\dot{E}_i = \dot{E} + \dot{E}_a$을 내부 전압이라 한다.

potier 벡터도를 떠나지 말고 계속 살펴보도록 하자. 단자 전압 $\dot{V}$는 발전기의 내부에서 발생한 $\dot{E}_i$에 전기자 권선의 저항 r_a의 전압 강하 Ir_a와 누설 리액턴스 x_l의 전압 강하 $j\dot{I}x_l$을 빼고 난 동기발전기의 최종 출력 단자전압으로 벡터도에서 유기 기전력 $\dot{E}$와 단자 전압 V사이의 위상차 δ를 부하각이라 한다.

그림 4-14의 potier 벡터도에서 $\dot{E}_a$와 $j\dot{I}x_l$와 주목해보자. $\dot{E}_a$와 $j\dot{I}x_l$, $j\dot{I}r_a$는

$\dot{E}$와 단자전압 V의 관계 사이에 존재하는 요소들로서 이 중, $\dot{E}_a$와 $j\dot{I}x_l$는 일직선상에 존재할 뿐만 아니라, 둘 다 부하 전류가 흐름으로써 발생한 것이다. 이러한 점을 3상 동기발전기 1상에 대한 등가 회로(그림 4-15)와 함께 고려하면

$$V = \dot{E} - \dot{I}Z_s = E - \dot{I}[r_a + j(x_a + x_l)] = \dot{E} - \dot{I}r_a - (-\dot{E}_a) - j\dot{I}x_l \quad (4\text{-}22)$$

$$\dot{Z}_s = r_a + jx_s = r_a + j(x_a + x_1) \quad (4\text{-}23)$$

$$-\dot{E}_a + j\dot{I}x_l = j\dot{I}(x_a + x_l) = j\dot{I}x_s \quad (4\text{-}24)$$

이 된다. $j\dot{I}x_l$는 전기자 누설 리액턴스의 전압 강하이고 x_a를 전기자 반작용 리액턴스라 하고 $\dot{E}_a(=-j\dot{I}x_a)$를 전기자 반작용 리액턴스의 전압 강하로 볼 수 있다. 식 (4-23)의 $\dot{Z}_s$를 동기 임피던스라 한다. 일반적으로 동기기에서는 전기자 저항 r_a는 동기 리액턴스 x_s에 비해서 무시할 수 있는 정도이므로 실용상 $Z_s \fallingdotseq x_s$라고 할 수도 있다.

3상에 대해 나타낸 동기 임피던스를 다시 나타내기 위하여 E_n을 정격 상전압, I_s를 3상 단락 전류, V_n을 정격 단자전압으로 나타내면

$$Z_s = \frac{E_n}{I_s} = \frac{V_n}{\sqrt{3}I_s}[\Omega] \quad (4\text{-}25)$$

으로 표시할 수 있다.

비철극기는 공극이 균일한 반면, 철극기는 직축이 횡축에 비하여 공극이 좁으므로 공극의 사이즈에 따라(직축 or 횡축) 전기자 반작용을 직축 리액턴스와 횡축 리액턴스로 나누어 생각하는 것이 바람직하다.

그림 4-16은 철극기의 벡터도로 전기자 기자력을 횡축분과 직축분으로 나누어 적용하는 2반작용법(two reaction method)의 벡터도이다. 이 벡터도를 살펴보면, 전기자 전류를 직축분과 횡축분으로 나눈 것이 $\dot{I}_d$와 $\dot{I}_q$이고 이 두 전류가 전기자 권선에 발생하는 자속이 $\dot{\phi}_d$와 $\dot{\phi}_q$이다. 이를 리액턴스에 의한 전압강하를 고려하면, 전기자 권선에 $\dot{\phi}_d$와 $\dot{\phi}_q$에 의해 발생되는 기전력은 $\dot{E}_d$와 $\dot{E}_q$이 된다. 전기자 누설 자속에 따른 전압 강하 jIx_l도 직축 자속에 의한 리액턴스 성분 jI_dx_l과 횡축 자속에 의한 리액턴스 성분 jI_qx_l으로 분해하여 $\dot{E}_d$와 $\dot{E}_q$에 포함시키면 이

들의 관계는 다음과 같이 된다.

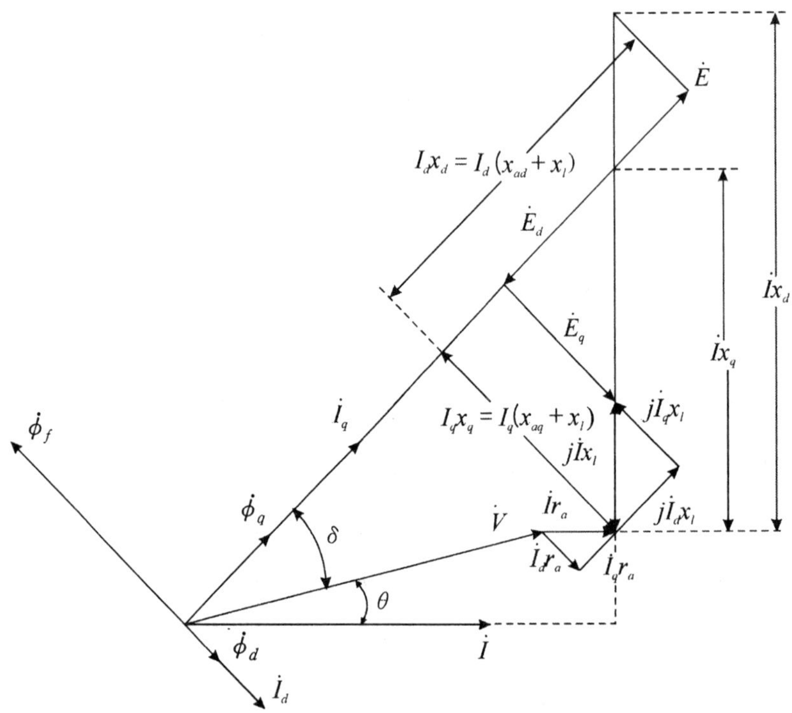

그림 4-16 철극형의 벡터도

$$-\dot{E}_d+j\dot{I}_d x_l = j\dot{I}_d x_{ad}+j\dot{I}_d x_l = j\dot{I}_d(x_{ad}+x_l) = j\dot{I}_d x_d \tag{4-26}$$

$$-\dot{E}_q+j\dot{I}_q x_l = j\dot{I}_q x_{aq}+j\dot{I}_q x_l = j\dot{I}_q(x_{aq}+x_l) = j\dot{I}_q x_q \tag{4-27}$$

여기서 직축 동기 리액턴스 :

$$x_d = x_{ad}+x_l \tag{4-28}$$

횡축 동기 리액턴스 :

$$x_q = x_{aq}+x_l \tag{4-29}$$

계자 자속으로 발생한 기전력 E에서 직축 동기 리액턴스의 전압 강하 $jI_d x_d$, 횡축 동기 리액턴스의 전압 강하 $jI_q x_q$ 및 저항의 전압 강하 Ir_a을 뺀 것이 단자 전압 V이다.

리액턴스의 크기는 <u>초기 과도 리액턴스 < 과도 리액턴스 < 동기 리액턴스</u> 순으로 그 크기가 다르며, 돌극형 동기발전기의 경우, 직축이 횡축에 비하여 공극(air gap)이 작으므로 직축 동기 리액턴스 x_d가 횡축 동기 리액턴스 x_q보다 크다. 그러나 원통형(비철극기) 동기발전기의 경우, 공극이 일정하므로 직축 동기 리액턴스 x_d와 횡축 동기 리액턴스 x_d의 크기가 같다.

만약, 철심이 포화될 경우, 동기 임피던스는 기자력은 생기지만 전기자 반작용 자속은 충분히 생기지 않으므로 전기자 반작용 리액턴스가 감소되어 동기 임피던스는 감소한다.

4.4.3 단락비와 %동기 임피던스

정격 속도에서 무부하 정격 전압을 발생시키는데 필요한 계자 전류(I_f')와 단락전류가 정격 전류가 되는데 필요한 계자 전류(I_f'')의 비를 단락비라 하며 그림 4-13의 무부하 포화 곡선과 단락 곡선에서 다음과 같이 나타낸다.

$$\text{단락비 } K_s = \frac{I_f'}{I_f''} = \frac{\overline{Of}}{Og} = \frac{1}{Z'[\mathrm{p \cdot u}]} \tag{4-30}$$

단락비 K_s의 값은 수차와 엔진 발전기는 0.9~1.2정도이고 터빈 발전기는 0.6~1.0 정도이다. 단락비에 대한 특성을 철기계(돌극형)의 특징과 관계를 감안하여 정리하면 다음과 같다.

① 단락비가 크다.

② 동기 임피던스가 적다.($K_s = \dfrac{1}{Z_s}$ 에서 동기 임피던스가 적어진다.)

③ 반작용 리액턴스 x_a가 적다. ($Z_s = r_a + j(x_a + x_l)$에서 Z_s가 적다는 것은 반작용 리액턴스 x_a가 작은 값을 갖는다는 것을 의미한다).

④ 계자 기자력이 크다.(전기자 기자력에 비해 상대적으로 계자 기자력이 크므로 전기자 반작용에 의한 영향이 적게 되고, 전압 변동률이 양호해진다.)

⑤ 기계의 중량이 크다.(계자 기자력이 크다는 것은 계자 권회수가 많고 계자철심 즉, 회전자의 직경이 크게 되므로 기계의 중량이 큰 철기계를 의미한다)

⑥ 과부하 내량이 증대되고, 송전선의 충전 용량이 큰 여유가 있는 기계이나 반면에 기계의 가격이 상승한다.

⑦ 극수가 많은 저속기에 적합하다.

⑧ 안정도가 높다.

또한 단락비에 대한 특성을 동기계(원통형, 비돌극형)의 특징과 관계를 감안하여 정리하면 다음과 같다.

① 단락비가 적다.
② 동기 임피던스가 크다.
③ 전기자 반작용이 크다.
④ 공극이 적다.
⑤ 중량이 가볍고 재료가 적게 들어 가격이 싸다.

그림 4-15의 등가 회로에서 부하 임피던스가 0인 경우, 즉 단락된 경우를 가정할 때, 전류를 I_s라 하면 동기 임피던스 Z_s를 구할 수 있다. 더불어, 그림 4-13에서 같은 계자 전류에서 무부하 포화 곡선의 유기 기전력 E와 단락 곡선의 단락 전류 I_s를 식 (4-31)에 대입하여 Z_s를 구하면 자기 포화 현상으로 일정한 값이 되지 않고 계자 전류 I_f에 따라 다르게 되어 곡선 jdk로 된다. 그러므로 동기 임피던스는 무부하시 정격 전압 $V_n/\sqrt{3}$를 발생하는데 필요한 계자 전류일 때의 값으로 다음과 같이 나타낸다.

$$Z_s = \frac{E_n}{I_s} = \frac{V_n/\sqrt{3}}{I_s} = \frac{\overline{cf}}{\overline{ef}} = \overline{df}\,[\Omega] \qquad (4\text{-}31)$$

정격 전류 I_n일 때의 동기 임피던스의 전압 강하 I_nZ_s를 정격 전압 $V_n/\sqrt{3}$으로 나눈 값을 단위법(per unit)이라 하여 일반적으로 Z_s'로 나타내며 단위는 [p · u]를 사용한다.

$$Z_s' = \frac{Z_sI_n}{E_n} = \frac{\sqrt{3}\,VZ_sI_n}{\sqrt{3}\,VE_n} = \frac{Z_sI_n}{V_n/\sqrt{3}} = \frac{PZ_s}{V^2}\,[\text{p} \cdot \text{u}] \qquad (4\text{-}32)$$

식 (4-32)에서 구한 Z_s'를 %동기 임피던스로 구하기 위해서는 단지 단위법으로 나타낸 결과식에 100배를 해주면 %로 나타낼 수 있다. 그리고 그림 4-13에서 $I_n = \overline{gh}$, $V_n/\sqrt{3} = \overline{cf}$이므로 식 (4-32)에 이를 적용하면 단위법으로 나타낸 동기 임피던스가 단락비와의 관계도 있음을 알 수 있다.

$$Z_s'\,[\mathrm{p \cdot u}] = \frac{Z_s I_n}{V_n/\sqrt{3}} = \frac{(\overline{cf}/\overline{ef}) \times \overline{gh}}{\overline{cf}} = \frac{\overline{gh}}{\overline{ef}} = \frac{I_f''}{I_f'} = \frac{1}{K_s} \qquad (4\text{-}33)$$

식 (4-33)은 동기 임피던스 Z_s'가 단락비 K_s의 역수임을 나타낸다.

이를 통해 단락비가 큰 동기기는 동기 임피던스가 적고 전기자 반작용이 적다는 것을 의미한다. 전기자 반작용이 적은 것은 계자의 기자력이 전기자의 기자력에 영향을 받는 것이 적다는 것을 의미하는데 이는 공극이 크고 자로에 있는 철심의 단면적을 크게 설계한 것을 의미한다.

따라서 단락비가 큰 기계는 동기 임피던스가 적어 부하가 증가할 경우 전기자에 의한 주자속의 영향 정도가 적으므로 결과적으로, 전압 변동률이 양호하고 출력도 증가하여 안정도가 증가하며 자기 여자 작용도 적다. 하지만 단락 전류는 커진다. 그러나 단락비로 실제 단락전류를 구하는 것을 경우에 따라 정확하지 않을 수 있다. 운전 상태에 따라 내부 유기기전력이 정격전압과 같은 값이 아닌 경우가 충분히 발생할 수 있으므로 단락비로 실제 단락 전류를 정확하게 구할 수 없는 경우가 발생할 수 있다. 그러므로 단락비는 '단락전류의 대략값'을 알기 위한 기준이라는 것을 유의하자.

전압 변동률은 계자 전류 및 속도를 변화시킴이 없이 정격 출력(지정 역률)에서 무부하로 하였을 때의 전압 변동의 비율을 말하며 일반적으로 정격 전압에 대한 백분률로 표시한다. 즉, 정격 단자 전압을 V_n, 정격 출력에서 무부하로 하였을 때의 전압을 V_0이라 하면 전압 변동률 ε은 다음과 같은 식으로 나타낸다.

$$\varepsilon = \frac{V_0 - V_n}{V_n} \qquad (4\text{-}34)$$

전압 변동률은 부하 전류에 따라서 달라질 뿐만 아니라 같은 부하 전류라도 역률이 다르면 그 값이 달라진다.

부하 전류에 대한 단자 전압의 관계 곡선을 외부 특성 곡선이라 하며 그림 4-17은 이 곡선을 나타낸 것으로 유도성 부하인 경우에는 전압 변동률은 $+(V_0 > V_n)$의 값을 가지며 용량성 부하인 경우는 $-(V_0 < V_n)$로 된다.

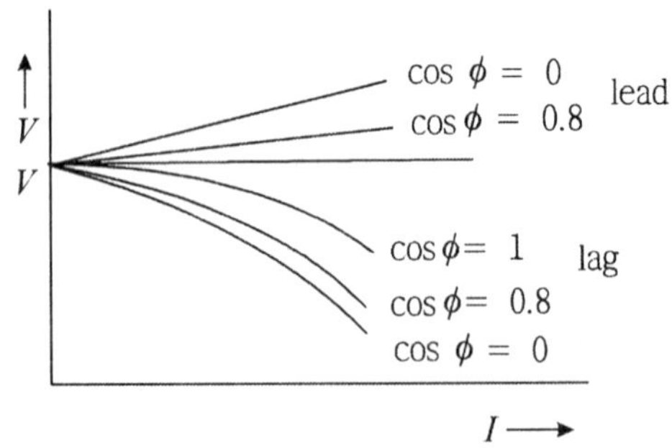

그림 4-17 외부 특성 곡선

4.4.4 단락 전류

전압을 발생하고 있는 동기발전기의 전기자 단자를 갑자기 단락하면 단락 순간에는 전기자 반작용이 순간적으로 나타나지 않기 때문에 정격 전류의 수배에서 수십 배의 과도 전류가 전기자 권선에 흐르다가 시간이 지남에 따라 차츰 감소하여 일정한 전류가 된다. 이 때의 과도 전류를 **돌발 단락 전류**라 하고, 시간이 지나 과도 전류가 감소하여 일정하게 흐르는 전류를 **영구 단락 전류** 또는 **지속 단락 전류**라 한다.

영구 단락 전류는 전기자 단자를 미리 단락하고, 갑자기 단락되었을 때의 계자 전류와 같은 계자 전류를 흘렸을 때의 단락 전류, 즉 단락 특성 곡선에서 구한 단락 전류와 같은 값으로

$$I_s = \frac{E}{Z_s} = \frac{E}{r_a + jx_l}\text{(돌발단락전류)[A]} \tag{4-35}$$

$$I_s = \frac{E}{r_a + j(x_a + x_l)} \fallingdotseq \frac{E}{j(x_s)}\text{(영구단락전류)[A]} \tag{4-36}$$

으로 동기 임피던스 Z_s에 의하여 제한된다.

돌발 단락 전류가 단락 초기에 매우 큰 것은 전기자 반작용이 순간적으로 나타나지 않으므로 단락 최초에 전류를 제한하는 것은 전기자 저항을 무시하면 누설 리액턴스뿐이기 때문이다.

전기자 반작용이 나타나기 시작하면 단락 전류는 감소하기 시작하여 결국 동기 임피던스로 제한되는 식 (4-36)의 전류가 흐른다.

단락 전류는 정격 전류보다 매우 크므로 권선을 소손한다든가 권선 상호간의 반발력 때문에 권선을 파손할 염려가 있으므로, 일반적으로 누설 리액턴스가 작은 터빈 발전기는 전기자 권선에 직렬로 리액터를 접속하여 단락 전류를 제한하는 경우가 있다. 이를 정리하면 다음과 같다.

① 돌발 단락 전류 억제 : 누설 리액턴스

② 영구 단락 전류 억제 : 동기 리액턴스

단락시 동기 리액턴스가 전기자 저항보다 크기 때문에 역률 0의 뒤진 전류가 흐른다. 이 때 뒤진 전류에 의한 전기자 반작용의 감자작용으로 총 자속이 감소하게 되어, 철심은 불포화 상태가 되므로 3상 단락곡선은 직선에 가깝게 된다.

4.4.5 자기 여자 작용

동기발전기에 콘덴서, 즉 용량성 부하를 접속하여 진상 전류가 전기자 권선에 흐르게 된다. 그러면 이 때에 해당하는 전기자 반작용은 증자 작용이 되므로 발전기에 직류의 계자 전류를 가해 여자시키지 않더라도 전기자 권선에 기전력이 발생한다. 이와 같이 앞선 전류에 의한 전기자 반작용의 증자작용에 의해 전압이 점차 상승되어 정상 전압까지 확립되어 가는 현상을 동기발전기의 자기여자 작용(self excitation)이라 한다.

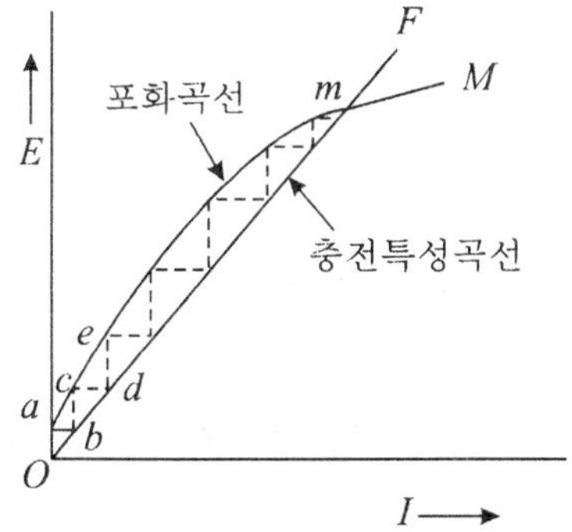

그림 4-18 자기 여자 작용

자기 여자 작용에 의해 전압이 확립되는 과정을 살펴보자. 즉, 그림 4-18에서 주 자극의 잔류 자기로 인한 $\overline{Oa}$만큼의 기전력이 전기자 권선에 발생되면 충전 전류 $\overline{ab}$가 흘러 기전력은 $\overline{bc}$만큼 높아지고 다시 충전 전류는 $\overline{cd}$만큼 증가하여 기전력은 $\overline{de}$만큼 높아진다. 이와 같이 하여 기전력은 차차 높아져서 두 곡선의 교점 m에서 전압의 상승이 끝난다.

이와 같은 현상은 무여자의 동기발전기가 무부하의 장거리 송전선에 접속된 경우에 일어나는 현상으로 발전기의 유기 기전력이 정격 전압보다 훨씬 높은 전압으로 되어 위험할 때가 있다.

발전기 1대로 장거리 송전 선로에 송전하는 경우, 즉, 발전기로 송전선로를 충전하는 경우 자기 여자 현상을 보상하여 선로를 안전하게 충전할 수 있어 결국 자기 여자 현상을 일으키지 않는 단락비는 다음의 식을 만족해야 한다.

$$\text{단락비} > \frac{Q'}{Q}\left(\frac{V}{V'}\right)^2(1+\sigma) \qquad (4\text{-}37)$$

이 식에서

Q' : 충전 전압 V'일 때의 선로의 충전 용량[kVA]

Q : 발전기의 정격 출력[kVA]

V : 발전기의 정격 전압[V]

σ : 발전기의 포화율

선로 충전의 경우, 일반적으로 수전단의 전압은 송전단의 전압보다 선로의 리액턴스 강하만큼 높아지므로 충전 전압을 발전기의 정격 전압의 80[%] 정도를 채용한다. 따라서 식 (4-37)의 V'를 $0.8V$로 하고 $\sigma = 0.1$이라 하면

$$\text{단락비} > \frac{Q'}{Q} \times 1.72 \qquad (4\text{-}38)$$

으로 발전기의 정격 용량이 충전 용량과 같은 경우의 단락비는 1.72 이상으로 한다.

식 (4-38)을 만족하는 단락비를 가진 발전기로 송전할 경우는 문제가 없지만 그렇지 않은 경우는 자기 여자 방지를 위해 다음과 같은 방법을 쓴다.

① 발전기 2대 또는 3대를 병렬로 모선에 접속한다.

② 수전단에 동기 조상기를 접속하고 이것을 부족 여자로 하여 송전선에 지상 전류를 흐르게 하면 그만큼 충전 전류를 감소시킬 수 있게 된다.

③ 송전 선로의 수전단에 변압기를 접속한다.

④ 수전단에 리액턴스를 병렬로 접속한다.

⑤ 발전기의 **단락비를 크게** 한다.

▌예제 4-18▐

정격 전압 6600[V], 정격 전류 480[A]의 3상 동기발전기에서 계자 전류 180[A]일 때 무부하 단자 전압이 6600[V]이고 3상 단락 전류는 600[A]이면 이 발전기의 단락비는 얼마인가?

풀이 단락 전류는 계자 전류에 비례하므로 정격 전류와 같은 단락 전류를 흘리는데 필요한 계자 전류 I_f''는

$I_f'' = 180 \times \frac{480}{600} = 144$[A]으로 단락비 K_s는 다음과 같이 된다.

$K_s = I_f' / I_f'' = 180/144 = 1.25$

▌예제 4-19▐

정격 전압 6600[V], 정격 전류 480[A]인 3상 동기발전기에서 1상의 전기자 저항은 0.03[Ω]이고 동기 리액턴스는 0.4[Ω]이면 전부하 지역률 0.8일 때의 전압 변동률을 구하라.

풀이 정격 상전압 $V_{pn} = \frac{6600}{\sqrt{3}} \fallingdotseq 3810$[V]

전부하 전류 $I = 480$[A]

전기자 저항 강하 $Ir_a = 480 \times 0.03 = 14.4$[V]

동기 리액턴스 강하 $Ix_s = 480 \times 0.4 = 192$[V]

그림 4-15에서 $\cos\theta = 0.8$ 이고 $V = V_{pn}$이므로

$$V_0 = E = \sqrt{(V_{pn}\cos\theta + Ir_a)^2 + (V_{pn}\sin\theta + Ix_s)^2}$$

$$= \sqrt{(3810 \times 0.8 + 14.4)^2 + (3810 \times 0.6 + 192)^2} \fallingdotseq 3939[V]$$

으로 전압 변동률은 다음과 같이 된다.

$$= \frac{V_0 - V_n}{V_n} \times 100 = \frac{3939 - 3810}{3810} \fallingdotseq 3.4[\%]$$

▌예제 4-20▐

교류발전기의 동기 임피던스는 철심이 포화하면 어떻게 되는가?

풀이 동기 임피던스는 감소한다.

▌예제 4-21▐

동기발전기의 동기 리액턴스는 3[Ω]이고, 무부하시의 선간 전압이 220[V]이다. 3상 단락되었을 때 단락 전류[A]는?

풀이 $I_s = \frac{E_o}{Z_s} = \frac{V/\sqrt{3}}{x_s} = \frac{200\sqrt{3}}{3} = 42.34[A]$

▌예제 4-22▐

동기발전기의 퍼센트 동기 임피던스가 84[%]일 때 단락비는 얼마인가?

풀이 $K_s = \frac{1}{\%Z} \times 100 = \frac{1}{84} \times 100 = 1.2$

▌예제 4-23▐

전압 변동률이 작은 동기발전기의 단락비는?

풀이 단락비가 크다.

▌예제 4-24▐

동기발전기의 자기 여자 작용은 부하전류의 위상이 다음 중 어느 때 일어나는가?

풀이 자기 여자작용은 빠른 역률 0일 때 발생한다.

4.5 동기발전기의 병렬운전 (Parallel Operation of Synchronous Generator)

4.5.1 병렬 운전의 조건

2대 이상의 동기발전기를 같은 모선에 연결하여 운전하는 것을 병렬 운전이라 하며 동기발전기를 병렬 운전하려면 발전기와 원동기는 다음의 조건을 만족해야 한다.

① 기전력의 크기가 같을 것.
② 기전력의 위상이 같을 것.
③ 기전력의 주파수가 같을 것.
④ 기전력의 파형이 같을 것.
⑤ 3상 동기발전기의 병렬운전시에는 상회전 방향이 같아야 한다.

이렇게 동기발전기가 병렬 운전 할 수 있도록 하는 원동기의 조건은 아래와 같이 정리할 수 있다.

① 균일한 각속도를 가질 것.
② 적당한 속도 변동률을 가질 것.

원동기의 종류에 따라 살펴본다면, 터빈 발전기와 수차 발전기는 각속도가 균일하여 ①의 조건이 만족되지만 왕복 기관으로 운전되는 엔진 발전기는 플라이 휠을 붙여서 될수록 균일한 각속도에 가깝도록 한다.

부하가 변할 때 속도 변동률이 적은 것이 좋지만 병렬 운전할 때는 부하의 분배를 원활하게 하려면 수하 특성의 적당한 속도 변동률을 가져야 한다.

원동기의 조건은 최초 설비할 때 고려할 조건이므로 동기발전기를 병렬 운전할 때는 발전기에 필요한 조건만 고려한다.

한 편, 이 외에 병렬 운전시에 2대 이상의 발전기가 같은 값을 가지지 않아도 무방한 것들을 아래에 정리하였다.

① 발전기 용량
② 부하 전류
③ 임피던스
④ 회전수

4.5.2 무효 순환 전류와 동기화 전류

동기발전기의 병렬운전 조건을 불만족하는 경우에 대하여 생각해보자. 이에 대해 간단히 정리하면 다음과 같다. 이후에는 그 원인들에 대한 설명을 하고자 한다.

① 기전력의 크기가 다르면, 무효 순환 전류 발생

② 기전력의 위상이 다르면, 동기화 전류가 발생

③ 기전력의 주파수가 다르면, 난조 발생

④ 기전력의 파형이 다르면, 고조파 무효 순환 전류 발생

같은 발전기 A, B가 같은 여자 전류, 같은 속도로 병렬 운전하여 $2I$의 부하 전류를 공급하고 있을 때 A기의 여자 전류를 증가시키면 두 발전기에서 발생하는 기전력에는 크기의 차가 생겨 두 발전기 사이에는 다음과 같은 순환 전류 즉 무효 순환 전류가 흐른다.

$$\dot{I}_c = \frac{\dot{E}_a - \dot{E}_b}{2\dot{Z}_s} \fallingdotseq \frac{\dot{E}_c}{j2x_s} = \frac{-j\dot{E}_c}{2x_s} \tag{4-39}$$

$\dot{Z}_s$는 발전기의 동기 임피던스로 r_a가 작은 값이므로 이를 무시하면 $\dot{Z}_s = r_a + jx_s \fallingdotseq jx_s$로 표현할 수 있고 $\dot{E}_c = \dot{E}_a - \dot{E}_b$로 놓는다. 그러면 식 (4-39)에서 보는 바와 같이 I_c는 E_c보다 $\frac{\pi}{2}$만큼 늦는 무효전류로 흐르게 된다. 전류 $\dot{I}_c$는 높은 유기 전압측(A) 기전력(E_a)보다 90° 뒤지는 순환 전류이므로 A기에 대하여는 $\dot{I}_c$의 전기자 반작용의 감자 작용을 하여 기전력이 감소되고 역률은 낮아진다. 반면 B기에 대해서는 $\dot{I}_c$가 낮은 유기 전압측 기전력($-E_b$: 순환전류의 흐름으로는 전압강하량으로 봄)보다 90° 앞서는 순환 전류이므로 전기자 반작용의 증자 작용으로 기전력을 증가되고 역률이 높아진다. 그러므로 결과적으로 두 발전기의 전압은 같은 값으로 조정되게 된다.

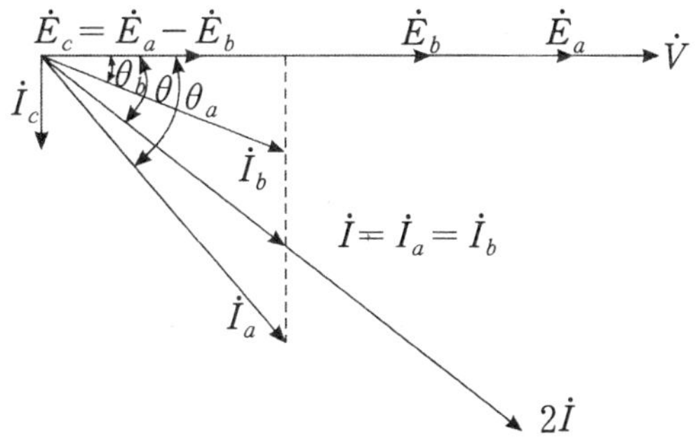

그림 4-19 무효 순환 전류의 벡터도

$$\dot{I}_a = \dot{I} + \dot{I}_c,\ \dot{I}_b = \dot{I} - \dot{I}_c \tag{4-40}$$

A기의 역률은 $\cos\theta_a$, B기는 $\cos\theta_b$가 되어 부하 역률 $\cos\theta$와는 각각 다른 값이 되므로 병렬 운전중인 발전기의 여자 전류를 변화시키면 무효 순환 전류가 흘러 두 발전기의 역률이 변한다. 즉, 병렬 운전시 한 쪽의 계자전류를 증대시켜 유기기전력을 높게 하면, 이러한 무효 순환 전류가 흐르게 되고 A기는 무효 전류가 증가하고 B기는 무효 전류가 감소한 것이 되므로 병렬 운전하고 있는 발전기의 여자 전류를 변화시키면 무효 전류의 배분, 즉 무효전력의 배분을 변화시킬 수 있다.

만약 병렬 운전 중인 두 발전기 A, B가 같은 부하를 분담하여 운전하고 있는 경우에 어떤 원인으로 A기의 유기 기전력의 위상이 B기보다 δ_s만큼 앞서면 두 발전기의 기전력 사이에는 $\dot{E}_s = \dot{E}_a - \dot{E}_b = \dot{E}_a + (-\dot{E}_b)$의 차가 생겨 다음과 같은 순환 전류가 흐르게 되는데 이를 동기화 전류(I_s)라고 한다.

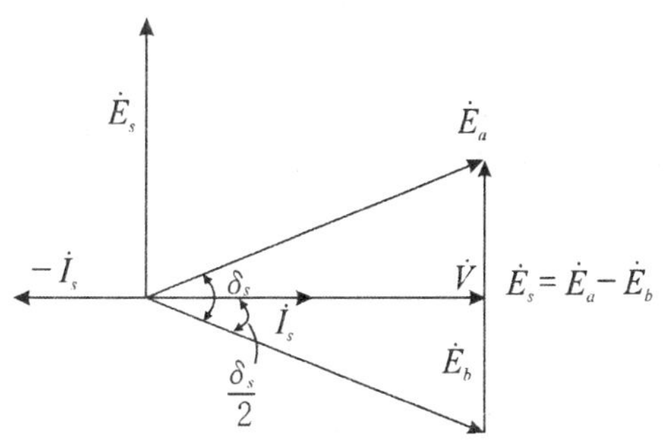

그림 4-20 동기화 전류의 벡터도

$$I_s = \frac{\dot{E}_s}{2Z_s} \fallingdotseq \frac{\dot{E}_s}{j2x_s} = -j\frac{\dot{E}_s}{2x_s} \tag{4-41}$$

그림 4-20과 식 (4-41)에서 나타난 바와 같이 동기화 전류 $\dot{I}_s$와 $\dot{E}_s$사이에는 90°의 위상차가 있게 되고 지상이 된다. 또한 동기화 전류 $\dot{I}_s$는 $\dot{E}_a$보다는 $\frac{\delta_s}{2}$ 뒤진다. $\dot{E}_b$에 대하여는 $-\dot{I}_s$가 되므로 위상차는 $\pi-\frac{\delta_s}{2}$이 된다. 이를 다른 차원으로 설명하자면, $\dot{E}_s=\dot{E}_a-\dot{E}_b=\dot{E}_a+(-\dot{E}_b)$에서

각 발전기에 순환 전류가 흘러 발생하는 1상의 유효 전력 P_1, P_2는

$$\left.\begin{aligned} P_1 &= E_a I_s \cos\frac{\delta_s}{2} \\ P_2 &= E_b I_s \cos\left(\pi-\frac{\delta_s}{2}\right) = -E_b I_s \cos\frac{\delta_s}{2} \end{aligned}\right\} \tag{4-42}$$

으로 두 발전기의 전력은 크기는 같고 부호는 반대가 되어 A기는 유효 전력이 증가하고 B기는 유효 전력이 감소한다.

$$E_a\cos\frac{\delta_s}{2} = E_b\cos\frac{\delta_s}{2}$$

$$I_s = \frac{E_s}{2|\dot{Z}_s|},\quad E_s = 2|\dot{E}_a|\sin\frac{\delta_s}{2} = 2|\dot{E}_b|\sin\frac{\delta_s}{2}$$

으로 이들을 식 (4-42)에 대입하여 정리하면 다음과 같이 된다.

$$P_1 = E_a I_s\cos\frac{\delta_s}{2} = E_a \cdot \frac{E_s}{2Z_s}\cos\frac{\delta_s}{2} = \frac{E_a^2\sin\delta_s}{2Z_s} \fallingdotseq \frac{E_a^2\sin\delta_s}{2x_s}\,[\mathrm{W}] \tag{4-43}$$

$$P_2 = -E_b I_s\cos\frac{\delta_s}{2} = -E_b \cdot \frac{E_s}{2Z_s}\cos\frac{\delta_s}{2} = -\frac{E_b^2\sin\delta_s}{2Z_s}$$

$$\fallingdotseq -\frac{E_b^2\sin\delta_s}{2x_s}\,[\mathrm{W}] \tag{4-44}$$

이 전력 P_1은 A기에는 부하가 되고 B기에는 (−)의 부하로 역할을 수행하게 된다. 따라서 동기화 전류 I_s는 발전기 A기에 대해서는 P_1만큼의 부하를

작용시켜(+값이므로 부하를 증가) A기의 속도를 감소시키고 위상을 느리게 하는 반면, 발전기 B기에 대해서는 P_2만큼의 부하를 작용시켜(-값이므로 부하를 감소) B기의 속도를 상승시키고 위상은 빠르게 하여 결국 A, B 두 발전기에서 발생하는 전압의 위상이 같게 한다.

이와 같이 I_s는 동기화 작용을 하므로 동기화 전류라 하고 동기 상태로 복귀하려는 힘 $dP_1/d\delta_s$을 동기화력이라 하며 다음과 같이 나타낸다.

$$P_s = \frac{dP_1}{d\delta_s} = \frac{E_0^2}{2Z_s}\cos\delta_s \fallingdotseq \frac{E_0^2}{2x_s}\cos\delta_s [\mathrm{W/rad}] \tag{4-45}$$

A, B의 발전기가 병렬 운전하고 있는 경우 A기를 구동하고 있는 원동기의 조속기를 조정하여 A기의 입력을 증가시키면 A기의 유기 기전력의 위상은 B기의 위상보다 앞서므로 A기와 B기 사이에 동기화력이 작용하여 B기의 부하는 증가하고 A기의 부하는 감소하여 부하의 분담이 새로이 된다. 즉, 두 병렬 발전기의 위상차 δ_s의 발생정도($d\delta_s$)에 따라 작용하려고 하는 부하의 변화율(dP_1)을 동기화력이라 한다. 이 때 작용하는 부하(P_1)와 위상차에 따라 부하의 변화율의 단위는 [W]와 [W/rad]로 같지 않음을 유의하자.

두 대의 발전기를 병렬로 운전할 때 부하가 급격하게 변동하여 발전기가 동기화력에 의해 새로운 부하에 대응하는 속도로 변화하려고 하는 경우, 기전력의 주파수가 약간이라도 다르면, 기전력의 위상이 일치하지 않는 시간이 발생하므로, 두 발전기 사이에 동기화 전류가 교대로 동기적으로 흐른다. 보통 그 진폭이 점차 감소되고 안정화에 이르지만, 그렇지 않은 경우 난조(회전체의 관성 등의 이유로 동기화 전류의 교대가 줄어들지 않고 진동주기가 동기기의 고유 진동 주기에 가까워지면 공진작용으로 진동이 커짐)가 발생한다. 이와 같은 동기화 전류의 교환이 심해지면 만족스러운 병렬 운전이 불가능해지고, 동요의 정도가 심하면 동기 운전을 벗어나는 탈조에까지 이른다.

병렬 운전 중인 두 발전기의 기전력의 실효치와 위상이 같은 경우에도 파형이 다르게 되면 순시 기전력의 크기가 다른 값을 가지는 것이 되므로 고조파 무효 순환 전류가 흐른다. 이 고조파 무효 순환 전류가 큰 값을 가지게 되면, 전기자 권선의 저항손이 증가하여 과열의 원인이 된다.

병렬 운전중 부하가 변할 때 부하 분담은 원동기의 속도 특성과 계자전류의 크기에 의해 결정된다. 특히 유효 전력 분담 차원에서 부하의 배분을 원활하게 하려면 원동기의 속도 특성이 수하 특성을 가져야 한다. 조속기의 특성을 나타내는 속도 조정률 S는 다음과 같이 표시된다.

$$S = \frac{N_0 - N}{N} \times 100[\%] \tag{4-46}$$

여기서 N_0는 무부하 회전수이고 N은 정격 회전수이다.

속도 조정률의 값에 따라 속도 특성 곡선의 기울기가 결정되며 조정률이 작을 때는 속도 변화에 따르는 부하의 변화가 너무 커서 운전이 불안정하게 된다. 대체로 속도 조정률은 2~3[%]이며 보상기로 0~6[%]로 조정할 수 있다. 만일 A, B의 속도 특성이 서로 다르면 각 기의 부하 분담은 전부하에서는 같게 되나 부분부하에서는 같지 않게 되므로 병렬 운전에서 어떠한 부하에 대해서나 각 발전기에 용량에 비례하는 부하 분담이 되려면 속도 변동률이 같아야 한다.

어떤 원인으로 동일한 속도 특성을 가진 동일 정격의 A, B 발전기가 같은 부하로 운전하고 있을 때 A기의 부하가 증가하여 I_A'가 되었다고 하면 A기의 속도는 감소하며, B기의 부하는 I_B'로 감소하여 B기의 속도는 상승한다. 따라서 B기의 기전력의 위상이 A기의 위상보다 앞서게 되어 동기화력이 생겨 두 발전기의 부하 분담은 같게 된다.

또한 계자전류의 크기에 의해 무효 전력 분담이 이루어진다. 무효 전력 분담을 위해서는 계자 전류를 조정하면 된다. 이는 기전력의 불평형으로 무효 순환 전류가 흘러 기전력이 조정되는 것과 같은 원리이며, 계자 전류가 증대되어 기전력의 크기가 증가한 발전기의 역률은 저하되고, 다른 발전기의 역률은 상승하게 된다.

▌예제 4-25▐

3000[V], 1500[kVA], 동기 임피던스 3[Ω]인 동일 정격의 두 동기발전기를 병렬 운전하던 중 한 쪽 계자 전류가 증가해서 각 상 유도 기전력 사이에 420[V]의 전압차가 발생했다면 두 발전기 사이에 흐르는 무효 순환 전류는 몇[A] 인가?

풀이 $I_c = \frac{E_r}{2Z_s} = \frac{420}{2\times 3} = 70[A]$

예제 4-26

8000[kVA], 6000[V], 동기 임피던스 10[Ω]인 2대의 3상 동기발전기가 병렬 운전하고 있을 때 두 발전기의 기전력 사이에 20°의 위상차가 있으면 동기화 전류는 얼마인가?

풀이 $E_s = 2E_0 \sin\frac{\delta_s}{2} = 2\times 6000/\sqrt{3}\times\sin 10° \fallingdotseq 1205[\text{V}]$

$I_s = \frac{E_s}{2Z_s} = \frac{1205}{2\times 10} = 60.25[\text{A}]$

예제 4-27

무부하로 병렬운전하는 동일 정격의 2대의 동기발전기에 기전력이 서로 30°의 위상차를 가지게 되었다. 한 발전기에서 다른 발전기에 공급되는 (1상의) 유효전력은 몇 [kW]인가?(단, 각 발전기의 (1상의) 기전력은 1000[V], 동기 리액턴스는 5[Ω]이고, 전기자 저항은 무시한다.)

풀이 $P = \frac{E^2}{2x_s}\sin\delta = \frac{1000^2}{2\times 5}\times\sin 30°\times 10^{-3} = 50[\text{kW}]$

예제 4-28

동일 정격인 동기발전기 A, B가 병렬 운전하여 지역률 0.8, 전류 800[A]의 부하에 전력을 공급하고 있을 때 A기의 여자를 증가하여 A기의 전류를 500[A]로 했다. 부하의 변화는 없을 때 B기의 전류는 얼마인가?

풀이 부하 전류의 유효분 : $800\cos\theta = 800\times 0.8 = 640[\text{A}]$

부하 전류의 무효분 : $800\sin\theta = 800\times 0.6 = 480[\text{A}]$

각 발전기의 유효 전류 : $640/2 = 320[\text{A}]$

A 발전기의 무효 전류 : $\sqrt{500^2 - 320^2} \fallingdotseq 384[\text{A}]$

B 발전기의 무효 전류 : $480 - 384 = 96[\text{A}]$

B 발전기의 전류 : $\sqrt{320^2 + 96^2} \fallingdotseq 334[\text{A}]$

예제 4-29

동기발전기의 특성요소를 알기 위해 필요한 시험의 종류는?

풀이 동기발전기에서 철손과 기계손을 측정하기 위해서는 무부하 시험이 필요하다. 동기 임피던스와 동기 리액턴스를 측정하기 위해서는 단락시험이 필요하다. 단락비의 경우에는 무부하(포화)시험과 단락시험 둘 다 시행해야 한다.

예제 4-30

발전기의 부하가 불평형이 되어 발전기의 회전자가 과열 소손되는 것을 방지하기 위하여 설치하는 계전기는?

풀이 역상 과전류 보호 계전기

4.6 동기전동기의 이론 (Principle of Synchronous Motor)

4.6.1 동기전동기의 이론

3상 동기기의 전기자 권선에 평형 3상 전류가 흐르면 전기자 권선에서 회전 자계가 발생한다. 이 회전자계는 회전자의 자극 N, S과 서로 흡인력이 작용하여 결국 회전자는 회전 자계 방향으로 회전한다. 이를 동기 전동기라 한다.

하지만 초기 기동에 있어서 회전자계는 바로 동기속도로 회전하는 반면, 회전자는 관성을 가지고 가속해야하기 때문에 0[rpm]에서부터 바로 동기속도인 회전자계를 따라 회전할 수 없는 기계적 한계가 존재하게 된다. 이와 같이 동기전동기는 동기 속도로 회전하는 전동기로 정지 상태에서 동기 속도가 되도록 하는 기동 방법이 필요하다.

4.6.2 동기전동기의 등가회로

동기전동기의 전기자 권선에서 발생하는 유기 기전력, 즉 역기전력 E_c은

$$E_c = 4.44 f k_w n \Phi [\text{V}] \tag{4-47}$$

이 되며 전기자 전류와 반대 방향의 기전력이므로 $\dot{V}$를 공급 전압, $\dot{E}_c$를 역기전력, $\dot{I}$를 전기자 전류, $\dot{Z}_s$를 동기 임피던스라 하면 동기전동기의 전압식은

$$\dot{V} = \dot{E}_c + \dot{I}\dot{Z}_s \tag{4-48}$$

이 되며 등가 회로는 그림 4-21과 같이 그릴 수 있다.

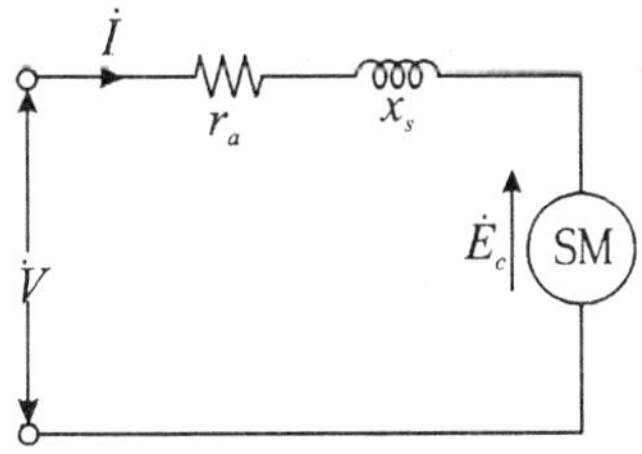

그림 4-21 동기전동기의 등가 회로

무부하로 운전하고 있는 동기전동기의 모든 손실과 임피던스 강하를 무시하면 동기전동기는 공급 전압과 역기전력 사이에 전압의 평형을 유지하기 위하여 무효 전류가 흐르고 공급 전압에 대하여 과여자의 경우는 진상 전류, 부족 여자의 경우는 지상 전류가 흐른다.

그림 4-22는 동기전동기의 부하로 운전 중인 벡터도로 (a)는 역률 1, (b)는 지역률, (c)는 진역률의 경우를 나타낸다.

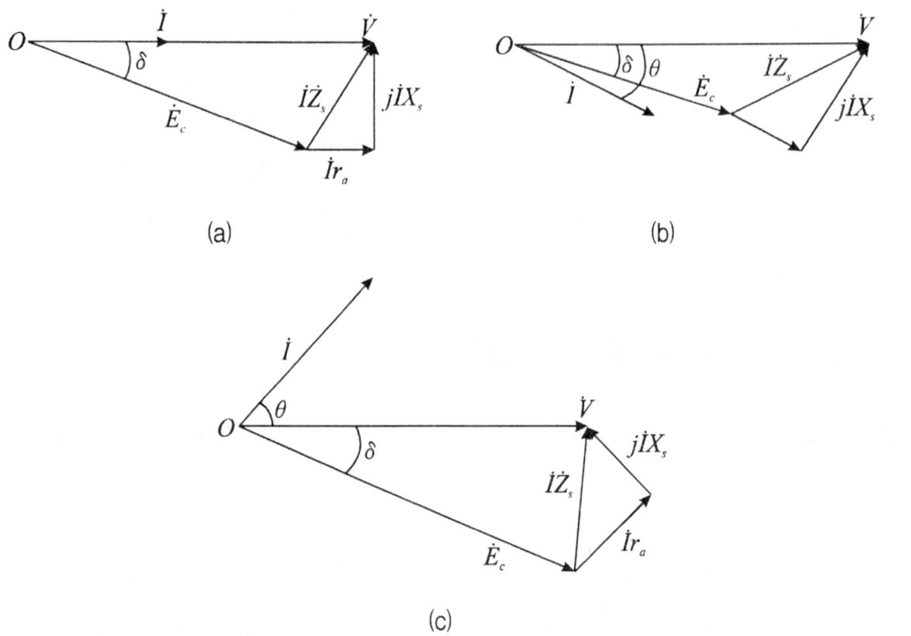

그림 4-22 동기전동기의 역률에 따른 벡터도

4.6.3 동기전동기의 입 · 출력

전동기 1상의 입력은 $P_1 = VI\cos\theta$으로 1상의 출력 P_2는 P_1에서 동손 P_c를 뺀 것이 되므로 그림 4-23의 벡터도에서 다음과 같이 됨을 알 수 있다.

$$P_2 = P_1 - P_c = VI\cos\theta - I^2 r_a = I(V\cos\theta - I r_a)$$
$$= E_c I\cos\phi \tag{4-49}$$

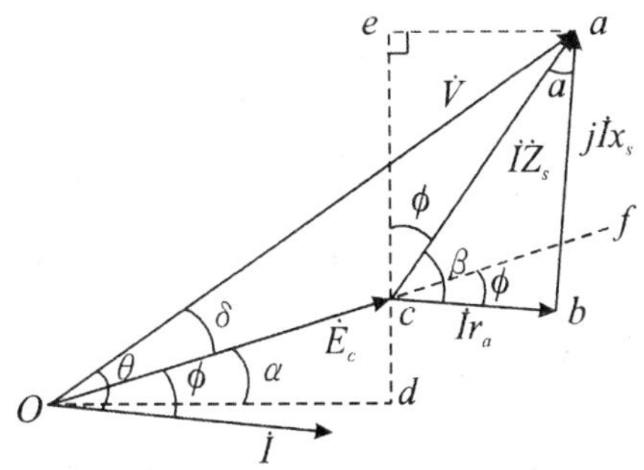

그림 4-23 동기전동기의 벡터도

그림 4-23에서 $\angle Ocd = \angle ecf = \phi + \angle acf = \beta$이 성립하므로, $\overline{ce} = IZ_s\cos\phi\ \overline{de}$, $= V\sin(\delta+\alpha)$, $\overline{cd} = E_c\sin\alpha$이 되어

$$\overline{ce} = \overline{de} - \overline{dc}$$

$$IZ_s\cos\phi = V\sin(\delta+\alpha) - E_c\sin\alpha$$

$$I\cos\phi = \frac{V\sin(\delta+\alpha) - E_c\sin\alpha}{Z_s}$$

이 된다. 이 식을 식 (4-49)에 대입하면

$$P_2 = E_c I\cos\phi = \frac{E_c V\sin(\delta+\alpha)}{Z_s} - \frac{E_c^2\sin\alpha}{Z_s}$$

$$= \frac{E_c V\cos(\beta-\delta)}{Z_s} - \frac{E_c^2\cos\beta}{Z_s} \tag{4-50}$$

으로 전기자 저항 r_a가 동기 리액턴스 x_s에 비하여 상당히 적으므로 전기자 저항을 무시하면 $\alpha \fallingdotseq 0$ ($\beta \fallingdotseq 90°$)이다($\beta = \tan^{-1}\frac{x_s}{r}$). 그러므로 이는 식 (4-49)에서 전기자 동손을 제거한 결과이므로

$$P_2 \fallingdotseq \frac{E_c V\sin\delta}{x_s} = \frac{E_c V\cos\beta}{x_s} = P_1 \tag{4-51}$$

가 되며 출력 P_2는 역기전력 E_c와 전기자 전류 I 사이의 전력으로 입력에서 전기자 동손만 뺀 것이므로 P_2에는 철손과 기계손이 포함되어 있어 P_2에서 철손과 기계손을 뺀 것이 전동기의 출력이 된다. 또한 식 (4-51)를 이용하면 최대

출력도 알 수 있는데 이를 표현하면 아래와 같다.

$$P_{2\max} = \frac{VE_c}{Z_s} - \frac{E^2}{Z_s}\sin\alpha = \frac{VE_c}{Z_s} - \frac{E^2}{Z_s}\cos\beta \tag{4-52}$$

4.6.4 동기전동기의 토크

동기전동기의 토크 T와 각속도를 ω이라 할 때, 전동기 출력과의 관계식은 아래와 같다.

$$T = \frac{P_2}{\omega} = \frac{P_2}{2\pi n_s}\ [\text{N} \cdot \text{m}] \tag{4-53}$$

$$T = \frac{1}{9.8} \times \frac{P_2}{2\pi n_s} = 0.975 \times \frac{P_2}{n_s}\ [\text{kg} \cdot \text{m}] \tag{4-54}$$

동기전동기는 언제나 일정한 속도 즉 동기 속도로 회전하므로 식 (4-53)에서 속도가 일정하다면 토크(기계적 출력)을 출력[W]으로 표시할 수 있다. 즉, 동기전동기의 토크를 출력 P_2로 나타내며 동기 와트라 한다.

동기전동기의 기계적 부하가 변화하면 부하각 δ도 변화한다. 즉, 부하 회전력이 감소하면 부하각 δ는 작아지고 부하 회전력이 증가하면 δ는 커진다.
부하각 δ가 커졌을 때 전동기의 발생 회전력 P_2가 증가하여 부하 회전력과 평형할 수 있으면 새로운 부하각 δ에서 운전을 계속할 수 있으나 δ가 증가하였을 때 P_2가 감소하면, 즉 P_m을 넘으면 운전을 계속할 수 없고 동기를 벗어난다.

따라서 동기전동기가 안전한 운전을 하려면 $P_2>0$일 때 다음의 조건을 만족해야 한다.

$$\frac{dP_2}{d\delta} > 0 \tag{4-55}$$

▌예제 4-31 ▌

인가 전압과 여자가 일정한 동기전동기에서 전기자 저항과 동기 리액턴스가 같은 값을 갖는다면 최대 출력의 부하각은 몇 도가 되겠는가?

풀이 $\beta = \tan^{-1}\frac{x_s}{r} = \tan^{-1}\frac{1}{1} = 45°$ 최대 출력은 $\delta = \beta$일 때, 발생하기 때문에 이를

고려하여 계산하면 부하각은 45°가 된다.

■ 예제 4-32 ■

동기전동기의 토크는 공급 전압의 변화에 대하여 어떠한가?

풀이 $P_2 \fallingdotseq \dfrac{E_c V \sin\delta}{x_s} = \dfrac{E_c V \cos\beta}{x_s} = P_1$, $T = \dfrac{P_2}{\omega} = \dfrac{P_2}{2\pi n_s}$ 이므로 동기전동기의 토크는 공급전압에 비례한다.

4.7 동기전동기의 특성 (Properties of Synchronous Motor)

4.7.1 동기전동기의 전기자 반작용

전기자 반작용이란 전기자 전류에 의한 자속 중 공극을 지나 주자극에 들어가 계자 자속에 영향을 미치는 것을 전기자 반작용이라 한다. 동기발전기에서와 변화하는 부분을 비교하여 구분하고 학습하도록 한다. 이 반작용은 부하의 역률에 따라 그 작용이 다르게 된다.

역률	p.f=1	p.f=0(lead)	p.f=0(lag)
작용	횡축반작용	직축반작용	
	교차자화작용	감자작용	증자작용
부하	저항	용량성 부하	유도성 부하
전류 전압 위상	I_a와 V가 동위상	I_a가 V보다 앞섬	I_a가 V보다 뒤짐

4.7.2 위상 특성(V곡선)

단자전압과 부하를 일정하게 유지하고 여자 전류를 변화시킬 경우 여자 전류와 전기자 전류와의 관계를 표시한 것으로 그 형상이 V자와 같으므로 V곡선이라고 한다.

곡선 1은 무부하, 곡선 2와 3은 부하를 증가시킨 경우의 곡선으로 부하가 클수록 V곡선은 위쪽으로 이동한다. 이들 곡선의 최저점은 역률 1인 점이며 이보다 오른쪽은 앞선 역률, 왼쪽은 뒤진 역률의 범위이다.

이와 같이 동기전동기는 계자 전류를 가감시켜서 부하 전류의 크기와 위상을 변경시킬 수 있으므로 항상 역률 1로 운전할 수도 있고 필요하면 뒤진 전류나 앞선 전류를 취할 수도 있다.

또한, 동기전동기를 무부하로 운전하고 여자전류를 부족여자 혹은 과여자로 하여 역기전력의 크기를 조정함으로써 전기자 전류의 위상 및 크기를 조정할 수 있는 것을 동기 조상기라고 한다.

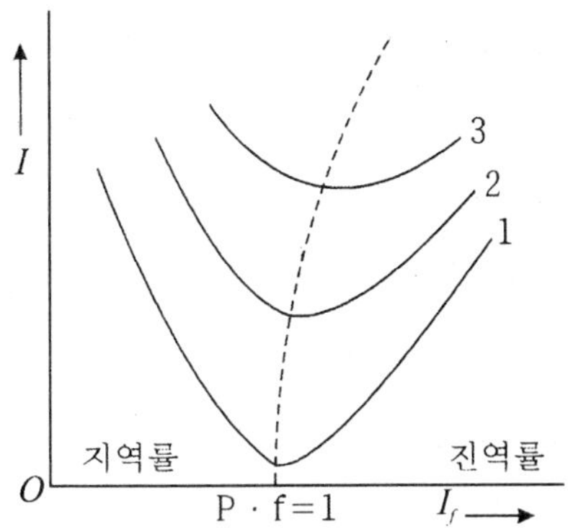

그림 4-24 위상 특성 곡선

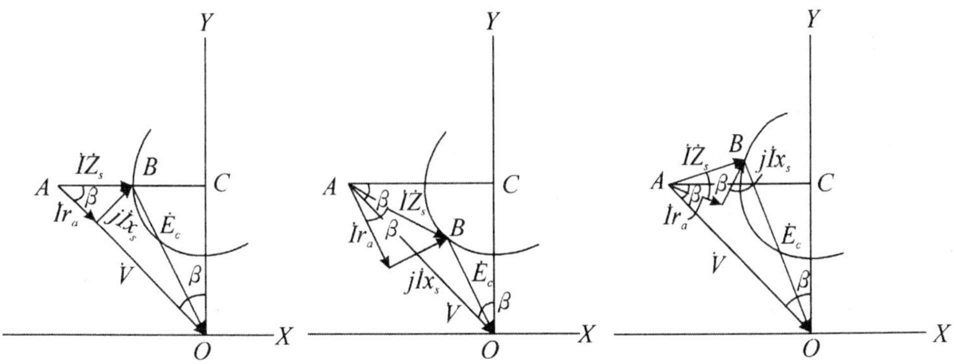

(a) P.f=1 (b) 지역률 (c) 진역률

그림 4-25 위상 특성

그림 4-25는 출력은 같고 계자 전류가 다른 세 경우의 원선도를 그린 것이다.

① 그림 4-25 (a)는 B점이 원선도의 선분 $\overline{CA}$ 위에 있는 경우 : 벡터의 방향을 그림과 같이 잡고 $\overline{AB}$가 $IZ_s = Ir_a + jIx_s$이 되도록 그리면 Ir_a는 전압 V와 동위상이 되므로 부하 전류는 공급 전압과 동위상($\cos\phi = 1$)이 된다.
이때 전기자 전류는 $I \fallingdotseq \dfrac{E_s}{jX}$가 되어 최소가 된다.

② 그림 4-25 (b)는 (a)보다 적은 계자 전류를 흘린 경우(<u>부족여자</u>) : <u>역기전력 E_c의 감소.</u> $\overline{AB}$가 $IZ_s = Ir_a + jIx_s$이 되도록 그리면 Ir_a는 전압 V에 뒤진 위상($\cos\phi =$ 지상)이 되므로 리액터의 역할을 하고 부하 전류 I는 공

급 전압 V에 뒤진 위상이 되고 지상의 전기자 전류가 증대한다.

③ 그림 4-25 (c)는 (a)보다 많은 계자 전류를 흘린 경우(과여자) : 역기전력 E_c의 증가. $\overline{AB}$가 $IZ_s = Ir_a + jIx_s$이 되도록 그리면 Ir_a는 전압 V에 앞선 위상($\cos\phi$ = 진상)이 되므로 콘덴서의 역할을 하고 부하 전류 I의 위상은 공급 전압 V보다 앞선 위상이 되고 지상의 전기자 전류가 증대한다. 일정한 공급 전압과 출력에서 계자 전류를 변화시키면 그림 4-24와 같은 곡선을 얻을 수 있다. 이와 같은 곡선을 위상 특성 곡선 또는 V곡선이라 한다.

동기전동기의 장점과 단점을 정리하면 다음과 같다.

(1) 장 점

① 속도가 일정

② 계자 전류를 조정하여 역률을 1로 운전 할 수 있음.

③ 부하의 역률 개선에 이용할 수 있음.

④ 진상 역률로 할 수 있으므로 일반적인 전동기로 사용할 수 있을 뿐만 아니라 유도전동기에 비하여 효율이 좋다.

(2) 단 점

① 기동 토크가 적고 속도 제어를 할 수 없음.

② 난조를 일으킬 염려가 있음.

③ 여자용 직류 전원이 필요하므로 설비비가 많이 든다.

동기전동기는 이와 같은 특성을 가지고 있으므로 소형은 전기 시계, 오실로그래프, 전송 사진 등에 쓰는 일이 있지만 주로 압축기, 분쇄기, 압연기 동기 조상기 등의 저속도 대용량의 전동기로 사용된다.

4.7.3 난 조

동기기의 부하 변동으로 인해 부하 출력과 전기자 출력 사이에 불평형이 되면 새로운 평형 상태의 부하각으로 즉시 옮겨지는 것이 아니다. 예를 들어 일정한 단자 전압과 기전력 상태로 부하각 δ_0로 운전하고 있는 동기기의 부하가 갑자기 증가하여 부하각이 δ_0에서 새로운 부하각 δ_1이 되어야 하나, 회전자의 관성이 δ_0가 즉시 δ_1로 될 수 없게 하고 증가된 부하 출력보다 동기기의 출력이 부족하게 되면 회전자의 속도는 순간적으로 감속하여 동기 속도 이하의 값이 되어 버린다. 그러면 동기 속도 이하의 속도에서 δ_0는 증가해서 δ_1이 되긴 하지만 회전자의 관성이 다시 작용하여 δ_1에서 부하각이 안정되지 않고 지나치게 증가하여 또 다시 새로운 δ_2에 이른다. 이렇게 하여 부하각이 δ_1이상으로 되면 동기기의 출력은 부하 출력보다 크게 되므로 회전자는 가속되고 관성에 의해 부하각은 다시 감소하여 δ_1을 지나 변동전의 부하에 대한 부하각 δ_0 부근까지 되돌아간다. 이렇게 회전자가 δ_1을 중심으로 해서 $\delta_0 \sim \delta_2$사이를 진동하는 현상을 난조라 한다.
난조의 발생원인과 대책을 정리하면 다음과 같다.

① 조속기의 감도가 너무 예민한 경우 → 조속기를 적당히 조정
② 원동기의 토크에 고조파 토크가 포함된 경우 → 엔진 발전기 등에서 생기는 문제로 회전부의 플라이휠 효과를 적당히 선정한다.
③ 병렬 운전하고 있는 발전기 사이의 송전 선로의 저항이 큰 경우 → 회로의 저항을 작게 하거나 리액턴스를 삽입하여 방지
④ 부하가 맥동 → 회전부에 플라이휠 효과 선정

난조를 방지하는 방법으로는 제동 권선을 설치하는 방법과 회전자에 플라이 휠을 붙이는 방법이 있다. 제동 권선은 자극면의 홈에 농형 회전자와 같이 저항이 적은 값을 갖는 구조인 단락 권선을 설치하는 것을 말한다. 이 제동권선의 동작을 설명하자면, 회전자가 동기 속도로 회전하고 있는 경우는 회전자와 회전 자계의 상대 속도는 0으로 제동 권선에 전류가 흐르지 않으나 회전자가 동기 속도를 벗어나면 전류가 흘러 제동 작용을 한다.

회전자에 플라이 휠을 붙이면 전동기의 자유 진동의 주기가 길어지므로 난조가 일어나는 것을 방지할 수는 있으나 플라이 휠의 무게와 크기가 알맞지 않은 때는 도리어 자유 진동의 주기가 강제 진동의 주기에 일치하여 공진이 일어나 전동기는 동기를 이탈하여 정지하는 경우가 있다.

4.7.4 동기전동기의 기동

동기전동기는 동기 속도 이외의 속도에서만 토크를 발생하므로 기동시의 토크는 0의 값을 갖는다. 따라서 다음과 같은 기동 방법을 사용한다.

우선 동기전동기의 기동법으로 자기동법이 있다. 이는 철극형 계자 철심에 유도전동기의 농형 권선과 같은 형상으로 제동 권선(난조방지용)을 권선하여 기동 토크를 얻는 방법으로 전동기에 3상 전압을 공급하면 회전 자계가 생기고 제동 권선은 유도전동기의 2차 권선과 같이 작용하여 기동 회전력을 발생한다. 이 때 전동기에 정격 전압을 공급하면 많은 기동 전류가 흐르므로 이를 줄이기 위해 기동 보상기, 직렬 리액터 또는 탭 변압기를 써서 정격 전압의 30~50[%]의 전압을 공급하여 기동한다. 이때의 기동토크는 전부하 토크의 40~60[%] 정도이므로 무부하 또는 경부하로 기동할 경우에 적합하다. 기동할 때 회전 자속으로 계자 권선에 고압을 발생하여 절연을 파괴할 우려가 있으므로 계자 권선을 단락한 상태에서 기동하여 동기 속도 가까이 됐을 때 계자 권선에 전류를 흘리면 인입 회전력으로 동기 속도로 된다. 동기 속도가 되면 공급 전압을 정격 전압으로 한다.

또 다른 동기전동기의 기동방식으로는 기동 전동기법을 들 수 있다. 동기전동기의 축에 직결한 기동전동기로 기동시키는 방법으로 동기 조상기와 같이 대용량 기기에 사용한다. 이 방식에 사용하는 기동용 전동기의 종류로는 유도전동기, 유도동기전동기, 또는 직류전동기를 들 수 있다. 기동 전동기로 유도전동기를 이용하는 경우에는 동기전동기의 극수보다 2극 적은 극수의 유도전동기를 사용한다. 기동용 유도전동기의 극수가 동기전동기의 극수보다 2극만큼 적게 하는 이유는 유도전동기는 슬립이 존재하여 동기전동기와 극수가 같게 되면 슬립으로 인해 sN_s만큼의 속도 차이로 늦게 되므로 동기전동기와 같은 극수를 갖는 유도전동기로 기동을 했다가는 동기 속도에 도달할 수 없기 때문이다.

4.7.5 안정도

안정도에는 운전 상태의 완만한 변화에 대한 정태 안정도와 동태 안정도가 있으며 운전 상태의 급격한 변화에 대한 과도 안정도가 있다.

정태 안정도란 여자전류의 값을 일정하게 유지하고 부하를 급변하지 않고 천천히 증가시킬 때, 안정되게 운전할 수 있는 정도를 말하며 이 때의 출력을 정태 안정 극한전력(static stability limit)이라 한다. 비철극기의 경우에 정태 안정도의 범위는 부하각 $\delta=90°$일 때이며 철극기는 $\delta=60°\sim70°$일 때이다.

동태 안정도란 동기발전기를 송전 선로에 접속한 상태에서 여자 전류를 자동 전압 조정기로 제어함으로써 발전기 단자 전압을 정전압 상태로 안정하게 운전할 수 있는 정도를 말하며 정태 안정도는 최대 송전 전력에 중점을 두는 반면 동태 안정도는 진역률의 운전 영역에서 안정도에 중점을 두고 있어 정태 안정도와는 구분된다.

송전 전압이 상승하거나, 케이블 회선이 증가하는 등, 전력 계통에 진상 무효 전력이 증가되며 그 값은 경부하일 때 더 커지는 경향이 있다. 경부하 때 계통 전압이 이상 상승하게 되면 자동 전압 조정기에 의해서 단자 전압을 일정하게 유지하도록 여자 전류가 감소되므로 동기기의 내부 전압은 낮아지고 안정 극한 전력은 작아져 계통이 불안정해지는 경우가 있다.

과도 안정도란 부하의 급변, 선로의 개폐, 접지, 단락 등, 운전 상태를 전환하는 경우 계통이 안정을 유지하는 정도를 말하며 이 때의 전력을 과도 안정 극한전력이라 하며 정태 안정 극한전력보다 훨씬 적은 값이다. 과도 안정 극한전력은 정태 안정 극한전력의 40~50[%]가 된다.

이상에서 기술한 바와 같은 안정도를 증진하기 위해서는 아래와 같은 방식을 적용할 수 있다.

① 단락비를 크게 한다.
② 회전자 관성을 크게 하면 부하각의 동요가 적다.
③ 자동 전압 조정기의 속응도를 크게 한다.

▌예제 4-33▐

5000[kVA], 역률 80[%]인 전력 계통의 수전단에 동기 조상기를 연결하여 역률을 100[%]로 하려면 조상기의 용량은 몇 [kVA]이면 되는가? 동기 조상기의 손실은 550[kW]이다.

풀이 선로의 무효 전력 : $5000\times0.6=3000$[kVAR]

조상기의 용량 : $\sqrt{550^2+3000^2}\fallingdotseq3050$[kVA]

▌예제 4-34▐

동기전동기의 제동 권선의 효과는?

풀이 제동 권선의 역할은 난조 방지와 기동 토크 발생에 있다.

▌예제 4-35▐

동기전동기의 전기자 전류가 최소의 값을 갖는다면 역률은 어떻게 될까?

풀이 역률 1에서 전기자 전류가 최소가 된다.

▌예제 4-36▐

유도전동기를 이용하여 동기전동기를 기동하는 경우를 들어보자. 일반적으로 기동용 원동기로서 유도전동기의 극수는 동기기의 극수보다 2극 적은 것을 사용한다. 그 이유는 무엇인가?(단, s는 슬립, N_s는 동기속도이다.)

풀이 유도전동기는 슬립에 의해 회전자계보다 슬립만큼 늦게 회전하는 회전자를 갖고 있기 때문에 동기전동기와 같은 극수인 경우, 유도전동기의 속도는 동기전동기의 속도보다 sN_s만큼 늦게 되어 유도전동기로 동기전동기를 기동하는 경우 동기전동기가 동기 속도에 도달할 수 없게 된다.

전기기기(직류기 · 동기기)

2019. 12. 20 인쇄
2019. 12. 24 발행

판 권
소 유

저 자 : 한경희 · 김유남 공저
발행자 : 이진권
발행처 : 도서출판 **태영문화사**

주 소 : 서울특별시 강서구 초원로 38
전 화 : 2661-8751
F A X : 2661-8798
등 록 : 1998년 11월 12일 제 2-2682호

정가 15,000원

ISBN 978-89-6354-324-6